跟演示大师学PPT

6步轻松提升职场竞争力

赵倚南（黑犬）/李镇江 著

电子工业出版社·
Publishing House of Electronics Industry
北京·BEIJING

内容简介

本书是一本简洁易学的职场 PPT 参考用书，能帮助读者打造职场竞争力。

本书将系统的 PPT 设计理论与实现方法总结成简洁凝练的知识点，分别从需求、元素、文案、配色、排版、动画六大维度进行解读，每个维度的知识点小于或等于三个，结合丰富的案例讲解与核心操作说明，以及配套的基础操作视频，让读者更好地学习 PPT，提升通用的职场竞争力。

本书适合即将毕业的大学生及进入职场三年内的人士阅读。本书配有 PPT 基础操作教学视频和进阶的 PPT 设计理论，对 PPT 初学者有较大的帮助。

图书在版编目（CIP）数据

跟演示大师学PPT：6步轻松提升职场竞争力 / 赵倚南，李镇江著．—北京：电子工业出版社，2021.5
ISBN 978-7-121-41059-8

Ⅰ．①跟… Ⅱ．①赵… ②李… Ⅲ．①图形软件－基本知识 Ⅳ．①TP391.412

中国版本图书馆CIP数据核字（2021）第073918号

责任编辑：张慧敏
印　　刷：北京市大天乐投资管理有限公司
装　　订：北京市大天乐投资管理有限公司
出版发行：电子工业出版社
　　　　　北京市海淀区万寿路173信箱　　邮编 100036
开　　本：720×1 000　1/16　印张：10.5　字数：233千字
版　　次：2021年5月第1版
印　　次：2021年6月第2次印刷
定　　价：69.00元

凡所购买电子工业出版社图书有缺损问题，请向购买书店调换。若书店售缺，请与本社发行部联系，联系及邮购电话：（010）88254888，88258888。

质量投诉请发邮件至zlts@phei.com.cn，盗版侵权举报请发邮件至dbqq@phei.com.cn。

本书咨询联系方式：（010）51260888-819，faq@phei.com.cn。

P 前-言
PREFACE

有的人，初入职场，缺乏工作经验，只能从零开始学习；

有的人，涉世未深，只凭一技之长，就成为领导的"左膀右臂"；

有的人，努力工作一整年，只是年终汇报的展示不完美，就与优秀员工奖擦肩而过；

有的人，专业能力不出色，却因掌握了职场竞争力的秘诀，赢得了领导的信任；

有的人，每月领固定工资，只多学了一门PPT，就获得了比专职工资更高的额外收入。

这不只是一本传授 PPT 技术的书，更是一本提高职场竞争力的书。

与职场场景结合的内容，表面上讲的是如何搞定 PPT，实际上讲的却是如何搞定工作、搞定领导、搞定客户。

我希望 PPT 能成为你强大的职场竞争力。

因为 PPT 是我的核心竞争力。

10 年前，我在大学里与 PPT 不期而遇，从此改变了我的人生轨迹。

刚毕业时，专业不对口，却因一技之长，找到了心仪的培训工作。

公司员工优胜劣汰，人员流动性很大，因为我把 PPT 做得比资深讲师还优秀，所以得到老板的器重。

机缘巧合下，得到陈魁老师的赏识，进入锐普 PPT 公司，成为专业 PPT 设计师和培训师，之前从没想过会以做 PPT 为职业。

迷茫之际，意外成为自由职业者，还没找到方向，却发现收入比上班时的收入更高。

受 Kyle 的邀请，将自己的 PPT 实战经验总结输出，在"一起听课星球"平台上，卖出了人生第一个销售额过百万元的课程。

2019 年，我终于下定决心和李镇江先生共同创立演示大师品牌，用 PPT 开启人生的新篇章。

现在，我要把我 10 年的 PPT 设计心得和职场经验在这本书中全部分享给你。

读者不用怕知识太多难以消化，我总结了核心精华，每章的核心知识点不超过 3 个，共 6 章总结为"233333 原则"。

读者不用怕基础薄弱难以跟上，我提供了 PPT 基础知识讲解视频，2 小时学会 PPT 80% 的常用功能，再学习本书的内容毫无压力。

读者不用怕关注技巧脱离实际，我结合了职场场景，分析工作中 PPT 实现的每个细节，力求让 PPT 成为读者的职场竞争力。

读者不用怕全是干货学习不轻松，我要避免 PPT 成为你的职场短板，所以，让我们一起消除顾虑，提高 PPT 竞争力吧！

一本好书经过 10 年的沉淀才得以面世，而这背后还有很多需要感谢的人。

感谢李镇江先生与我一同撰写此书，感谢编辑张慧敏老师的信任，感谢好友冯注龙与胡寅龙的建议。此外，特别感谢在我的 PPT 之路上，陈魁先生的知遇之恩。

接下来，让我们一起把 PPT 变成职场竞争力吧！

赵倚南（黑犬）

读者服务

微信扫码回复：41059

● 获取配套赠送视频课"PPT 学前班"

● 获取博文视点学院在线课程、电子书 20 元代金券

● 获取各种共享文档、线上直播、技术分享等免费资源

● 加入本书读者交流群，与作者互动

演示现场见证

　　演示大师品牌作为科特勒咨询集团战略合作伙伴，连续两年为科特勒咨询集团提供高端 PPT 定制服务。

2019 年
《科特勒增长实验室》
大会现场

2020 年
《科特勒未来营销峰会》
大会现场

2018 -2020 年，演示大师连续三年为财经作家吴晓波老师提供演示设计服务。

2018 年
《吴晓波企投会年终盛典》
大会现场

2019 年
《吴晓波企投会年终盛典》
大会现场

2020 年
《吴晓波企投会年终盛典》
大会现场

笔者在大会现场后台▶
紧急调整 PPT

　　演示大师为十点读书品牌提供一站式商务视觉传播服务，承包了 2020 年《十点读书创作者视频号峰会》全部嘉宾的 PPT 设计工作。

2020 年
《十点读书创作者视频号峰会》
大会现场

开始学习啦！

目录CONTENT

第 3 章 文案三法则

第 4 章　配色三要素

第 5 章　排版三原则

第6章　动画三步骤

第 1 章
需求双层次

Q、接到纯文字稿的PPT任务后，第一步应该做什么？

震惊！！！
先看视频后看书
掌握 PPT 如此简单

PPT 学前班

导读

大部分职场人士在接到 PPT 任务后，第一步就是到网上寻找合适的模板。曾经有学员问："有小学三年级语文课的 PPT 模板吗？"当然，答案是否定的。网上的 PPT 模板作为通用的工具，可以满足大部分人的使用需求，也就意味着舍弃了细分领域的特征。因此，第一步从网上寻找完全满足需求的模板，无异于大海捞针。

而众多 PPT 老手，甚至不少 PPT 老师都会认同另外一种观点——第一步应该先梳理文案。从流程上看，的确是先有文案，再有后续的 PPT 设计，文案分析的优先级自然比 PPT 设计的优先级高。但事实上，只有被客户与领导（后文中统一称为决策者）"虐"过无数遍的实战派才会告诉你真相：第一步应该做的不是找模板，也不是梳理文案，而是需求分析！

- ▶ 决策者：包括客户和领导，是把握 PPT 最终呈现效果的负责人。

试想一下，当设计者辛辛苦苦地将文案梳理清晰，将 PPT 设计好，又添加了精美的动画，最后却发现实际使用时不需要动画，或者整体设计风格不符合要求，需要重做，甚至设计者光顾着做出完美的视觉效果，延误了 PPT 的使用时间，那么之前的大部分工作几乎都白做了。

为了避免出现这样的情况，我们需要在第一时间完成需求分析，这样才能准确地把握方向，让接下来做的每一项工作都有意义。

1.1　设计需求——显性的需求

每当有新产品发布时，消费者更倾向于谈论产品的性能、外观、质量等，这些从产品本身就能看出来的特征，便是产品的显性需求；而生产者更关注产品的工艺技术、生产周期、市场销售等，这些属于产品背后的隐性需求。

同理，作为 PPT 的设计者，在关注观众显性的设计需求的同时（PPT 的美观程度），也要关注演示者隐性的使用需求（PPT 项目的关键点），这样才能保证整个 PPT 项目的完美展示。

当自己作为决策者时，可以将个人喜好与 PPT 项目结合进行设计；当决策者为客户或领导时，面对的情况可能会复杂一些。

在探究决策者的设计需求时，并非每个决策者都能清楚地知道自己的真正喜好，在这种情况下，有一个简便易行的方法——询问决策者是否有喜欢的参考案例：可以是过往的案例，也可以是同行的参考案例，或者是网上其他类型的设计作品，如网站、海报、展板等。在此基础上，对案例进行设计需求分析，更容易事半功倍。

当决策者没有明确的想法时，设计者可以搜集对应的风格案例供其选择，如PPT 模板网站或灵感网站等，获取多种风格的案例，让决策者更直观地进行选择。

▶ 模板素材网站见附录 B

在缺乏参考案例时，我们可以从 4 个方面进行设计需求的分析——风格、配色、动画、音乐。

 ## 1.1.1 PPT 的风格选择

常见的 PPT 设计风格有如下几种，其中有些风格是不能进行混搭的，必须要注意。

扁平风 VS 立体风

扁平风

　　去除冗余、厚重和繁杂的装饰效果，如渐变、阴影、立体质感等元素，简单、直接地将信息展现出来。设计特点是经常使用大面积的色块进行修饰。

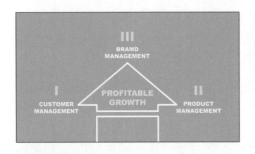 

立体风

　　模仿现实三维效果，对元素进行立体质感的设计。设计特点是设计细节丰富、场景感与层次感明显。

 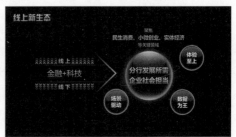

中国风 VS 欧美风

中国风

　　常见的中国风有两种类型，一种是以水墨、花纹等传统中国元素为代表的设计风格，另一种是以红黄配色为主的党政类风格，常见的有国旗、天安门、长城、华表等中国特色元素。

欧美风

设计大胆时尚，配色丰富，元素新颖，经常使用倾斜的版式。

高桥流 VS 极简风

高桥流

以文字为主，去掉一切修饰元素，使用大字型的极简风格，字数很少且观点明确。

极简风

摒弃多余的修饰元素，以点、线、面元素和大面积留白营造简约大方的视觉氛围。

决策者最喜欢的"高大上"风格

还有一种"江湖"上一直流传着的很神秘的风格——"高大上"风格，这种风格受到许多决策者的追捧，却又让很多职场人士百思不得其解，实际上"高大上"风格只是设计上的小套路。

"高大上"风格有两种设计方向：第一种是使用全图形的设计，视觉效果最为震撼；第二种是使用深色的设计，大概是颜色越深，就会显得越有深度。

在素材选择上，我们可以选择真正符合"高""大""上"的图——高端、大气、上档次，也可以解释为高楼、大海、上天际。

高：高楼（商务城市）。

大：大海（广阔场景）。

上：上天际（宇宙星空）。

1.1.2 PPT 的配色选择

　　这里讨论的配色一方面指的是从使用场景角度进行考虑，根据 PPT 项目选择合适的主题颜色，另一方面指的是在项目需求中，决策者喜欢的颜色。

　　从使用场景角度考虑，可以参考 Logo 或演示的主题来挑选颜色，如环保主题可以选择绿色作为主色调。

--▶ 更多配色知识，详见第 4 章。

　　当我们不是决策者时，在与项目决策者商讨配色需求的过程中可以适当提出自己的建议。

　　　　　　　　　我们是一家咨询公司，决策者需要做一个咨询方案的 PPT，以下两种配色建议哪种更容易被采纳？

　　A.“王总，您觉得蓝色怎么样？”
　　B.“王总，您觉得这款商务蓝怎么样？”
　　颜色是带有属性的，当我们将颜色、行业与感情属性关联在一起时，建议被采纳的概率自然会大大提高。

 ## 1.1.3 动画的必要性

　　是否需要添加动画，需要考虑两个方面。

第一，该场景下是否适合使用动画。
　　在某些使用场景下，动画能引起观众的注意，增加和观众的互动，但在一些较严肃的场合或只需要阅读内容的场合，就可以考虑不添加动画。因此，要根据场景考虑使用动画的必要性。

------------------------------------▶ 具体场景细节见第 1.2.2 节 PPT 使用场合

第二，决策者是否喜欢动画。
　　恰当的动画可以辅助内容的表达，但传统的决策者对动画的使用还是保持谨慎

的态度。因此，我们先要确认决策者的需求，再确定是否添加动画，以避免做不必要的工作。

 ### 1.1.4 音乐的必要性

和 PPT 动画相比，音乐的添加要更为谨慎。

音乐适合在没有讲解人的场景下使用，如自主阅读型的 PPT 或自动播放型的 PPT 可以考虑添加背景音乐和音效。

在设计 PPT 前，需要确认是否使用音乐。

1.2 项目需求——隐性的需求

笔者曾经服务过一个客户，客户需要做一份路演融资的 PPT。客户对视觉呈现的效果要求非常高，足足花了三个月的时间与笔者一起去打磨 PPT 的内容与设计效果，整个过程笔者设计了不下三十稿，最后做出来的 PPT 终于符合客户的要求了，但因为时间拖得太久，连项目都被拖"黄"了。

当然，项目本身的进度也有问题，但这个 PPT 的作用是提高路演融资的成功率，"皮之不存，毛将焉附"。如果只为了追求视觉效果，而不顾项目本身，就失去了 PPT 的使用价值。

PPT 的设计者需要更多地考虑 PPT 设计任务本身的完成情况和使用情况，因为一旦弄错了项目需求的某一点，即使将 PPT 设计得再精美，也难以保证完成任务。

1.2.1　项目时间节点

为了确保 PPT 设计任务顺利完成，我们要事先确认设计的具体时间节点。

PPT 设计任务有四个关键节点：PPT 样稿时间、PPT 初稿时间、PPT 终稿时间和 PPT 使用时间。可以根据实际情况提前确认时间节点。

PPT 样稿时间
完成数页 PPT，能看出整体设计风格的时间节点。

PPT 初稿时间
首次完成 PPT 全部内容设计的时间节点。

PPT 终稿时间
确定 PPT 所有设计，不再修改的时间节点。

PPT 使用时间
PPT 播放使用的时间节点。

当自己为决策者时，应该根据最终使用时间来合理安排设计进度，具体工作有以下几项。

（1）**需求分析：** 快速分析 PPT 项目的设计需求与使用需求。

（2）**内容梳理：** 整理相关文案资料，列出框架，并整理目前现有的图片、视频等多媒体素材。

（3）**素材搜集：** 搜集相关素材，可以从网上下载合适的模板、字体、图片、音频、视频等。

（4）**内容设计：** 对梳理好的内容与整理好的素材进行设计、排版。

（5）**动画设计：** 为设计完成的静态 PPT 添加动画。

（6）**检查修改**：完成初稿后，对整体内容进行检查与修改。

通常，素材搜集与内容设计环节的时间会占整体时间的 70% 以上，我们要兼顾每个环节，合理安排时间，避免出错。

 ## 1.2.2 PPT 使用场合

对于不同的 PPT 使用场合，具体的设计要求是不一样的。

事先确认 PPT 在什么场合下使用，对后续的设计工作有非常大的指导作用。

	汇报	演讲	宣传
文字	★★★(中)	★★☆(大)	★★★
图片	★★★	★★★	★★★
动画	★★☆	★☆☆	★★★
音乐	☆☆☆	☆☆☆	★★★

汇报型的 PPT，如策划方案、工作总结等，因为叙述内容较多，除在汇报时配合讲述外，还需要兼顾纯审阅的需求，所以在设计上文字和相关图片的展示会比较多，这种类型的 PPT 文字字号适中，较少使用动画，基本上不需要音乐。

演讲型的 PPT，如路演融资、主题演讲、发布会等，通常需要将关注点放在演讲人身上，PPT 中只需要少量精炼的文字，且文字字号较大，搭配超高清的图片，大部分内容不需要添加动画，但特殊的页面可以搭配炫酷的动画吸引观众的眼球，基本上不需要音乐。

宣传型的 PPT，如企业宣传、活动宣传等，这类 PPT 全自动播放，呈现的效果几乎等同于视频的效果，对动画的要求很高，要有大量炫酷的动画设计，并且搭配美观的图文排版，还要有精选的音乐和音效。

 ## 1.2.3　演讲者对 PPT 设计的影响

有一种观点叫作"PPT 无用论"，持有这种观点的人认为演讲的成功与否主要在于演讲者，PPT 起不了多大的作用。对于优秀的演讲者而言，这种说法可能是对的，他们不需要任何的演示辅助，就可以滔滔不绝地讲两小时。但对于不善言辞和表达的人而言，视觉化的演示工具可以辅助信息的传达，使用 PPT 可以提高演讲的成功率。

同时，PPT 的设计也需要考虑演讲者的水平。对于演讲类 PPT 而言，如果演讲者擅长演讲，在设计 PPT 的时候就不需要将太多的内容放在页面上，可以留出更多的发挥空间给演讲者；如果演讲者对演讲内容不熟悉，或者演讲者不擅长演讲，则可以在设计 PPT 的时候多添加提示性的文字或内容，甚至在演示的时候使用演示者视图来进行提示，辅助演讲内容的表达。

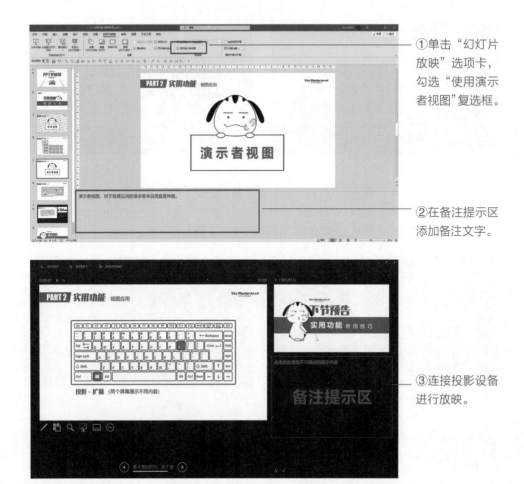

①单击"幻灯片放映"选项卡，勾选"使用演示者视图"复选框。

②在备注提示区添加备注文字。

③连接投影设备进行放映。

当演讲者没有足够的时间熟悉 PPT 内容时，含有提示性文字的 PPT 更加实用，这种情况在事业单位和政府机关的汇报中尤为常见。

 ### 1.2.4 观众对 PPT 设计的影响

我们可能有过这样的经历，老师在讲台上滔滔不绝，搭配着极其简陋的 PPT，台下的学生昏昏欲睡。

　　PPT 的设计需要投观众所好，才能达到传递信息的目的。在设计时一方面要使用观众喜欢、容易接受的风格，如小学课件的设计风格可以使用卡通元素，另一方面需要将内容设计成观众容易接受的形式，因为高深的知识通过浅显的解读和呈现才能更容易让观众接受。

　　如果讲授的内容是高深的知识，而听众普遍对内容的认知水平不高，那么在设计 PPT 的时候，就需要将内容尽可能简化，将专业知识呈现得更加浅显易懂。

　　如果观众和演讲者水平接近，那么在设计 PPT 时就可以更加侧重专业内容本身的传达。

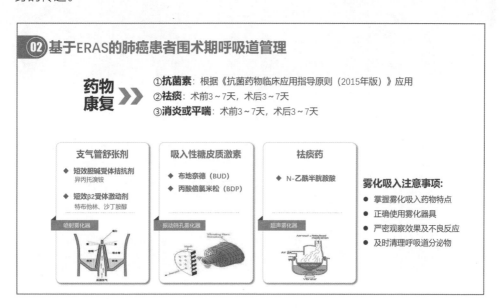

第 2 章
元素三形态

Q、除文字可视化外，还有哪些可视化的形式？

震惊！！！
先看视频后看书
掌握 PPT 如此简单

PPT 学前班

导读

设计是一个先做加法再做减法的过程，我们可以先丰富 PPT 的设计元素，让设计页面丰富多样，再通过精简无意义的元素，让页面简洁大方、重点突出。在做加法的过程中，需要使用不同形式的设计元素。

PPT 作为一种信息可视化工具，可以将信息通过不同的形式直观地呈现出来，其中包括六大形态——**文字、形状、图片、图表、音频和视频**。

文字是最基本的信息载体，其优点是可以承载大量的内容信息，其缺点是当文字过多时不够直观，理解时间较长。因此，文字可以结合其他形态同时呈现。

形状作为常见的辅助元素，分为无含义的色块类和有含义的图标类两种。

图片是最直观的信息载体，有言道"一图胜干言"，一张图片能够包含丰富的信息，而且非常直观，观众所见即所得。

图表是最具说服力的信息载体，通过数据的展示和逻辑的呈现，用最有力的方式让读者印象深刻。

音频和视频作为常见的多媒体载体，可以结合听觉和动态视觉，更好地辅助内容的呈现。

本章将讲解 PPT 中最常用的三种文字转化的形态，分别是文字图形化、文字图片化和文字图表化。

2.1 文字图形化——图形设计的三种形式

文字承载了内容的基本信息，但在设计上会显得有些单调，添加不同形式的图标作为辅助，可以让整个页面的设计效果更上一个档次。

--- ▶ 图标素材网站推荐详见附录 B。

下图是使用图标前后 ALPD 技术优势的介绍页面，图标的使用让页面增色不少。

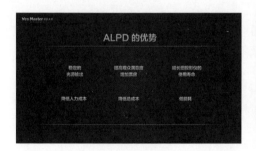 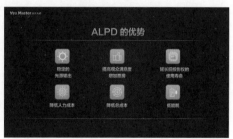

对图形进行设计，有三种不同的形式：基本型、色块型和线条型。

基本型   色块型   线条型

2.1.1 基本型元素的设计方法

基本型元素是指对元素不进行过多的处理，按照其原始的方式进行呈现。这样的设计方式简约大方，通用性非常强。

对基本型元素进行设计，可以改变图标本身的颜色，如纯色效果和渐变色效果，让图形更有设计感。

 2.1.2 色块型元素的设计方法

在基本型元素的基础上，在底部添加形状，就是色块型元素。

色块型元素的优点是可以让图形元素更加突出，在设计上可变化的样式更多，例如可以通过改变形状（如圆形、矩形、圆角矩形、平行四边形等）来改变图形的设计效果。

也可以改变形状的具体样式，例如改变颜色（使用纯色或渐变色）或改变阴影、发光、倒影效果等来改变图形的设计效果。

2.1.3 线条型元素的设计方法

在色块型元素的基础上，把填充选项设置为无填充，添加描边效果，就得到了线条型元素。

线条型元素的优点是既保留了基本型元素简约、大方的风格，又不失色块型元素的设计感。

与色块型元素类似，线条型元素的设计可以通过改变线条的形状（如圆形、矩形等）或颜色（如纯色、渐变色等）来实现更多的设计变化。

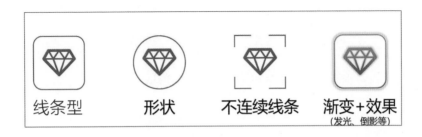

 2.1.4 图形化的综合应用

我们下载了一个图标素材后，可以将它设计成多少种不同的样式呢？

答案是，**至少有 12 种样式**。

从 3 种基本形态中进行选择，再通过改变形状的类型、颜色的纯色变化、渐变色的效果，还有图标样式的方式，就能得到丰富的设计效果。

PPT 设计的关键点之一就是前期尽量做加法——**丰富页面元素的多元性**。

从设计角度看，因为文本框和形状都可以进行填充和线条设置，所以也可以将文字归为图形，依照同样的设计方法进行设计。

当我们有一个图标和一个文字标题时，有多少种不同的设计组合？

图标有 3 种不同的图形化形态，标题文字同样有 3 种不同的图形化形态，两者结合，**至少可以得到 9 种不同的设计组合**，其中有 6 种组合的美观度不错，可以直接使用。

	基本型	色块型	线条型
基本型标题	基本型标题	基本型标题	基本型标题
色块型标题	色块型标题	色块型标题	色块型标题
线条型标题	线条型标题	线条型标题	线条型标题

色块型元素和线条型元素结合形状、颜色和样式进行设计，得到的组合会更多。

　　在 PPT 设计中，我们可以使用多种类型进行搭配设计。其中，基本型元素简洁大方，适合大段正文使用。建议在常规内容设计中**以基本型元素为主，搭配适量色块型元素或线条型元素增加设计感**。

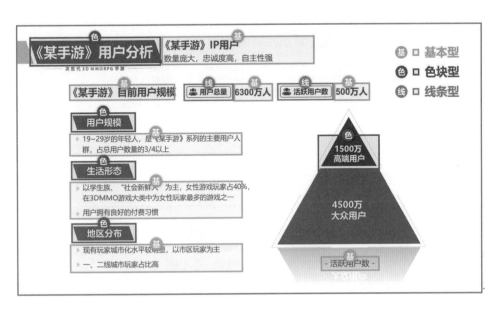

图形化三形态

先在 PPT 中添加基本图标与文字内容。

⊕ 营销网络遍布全球

在国际市场方面，集团通过积极参加国内外各种知名大型展览会与美国、德
国、日本、韩国等50多个国家建立了良好的业务往来及合作关系，产品远销
200多个国家与地区，并且已成为国内外多家著名IT品牌的产品配套供应商。

（1）单击"开始"–"插入"–"文本框"命令，输入文字。

（2）从图标网站下载 SVG 格式或 PNG 格式图标，单击"开始"–"插入"–"图片"命令，在打开的对话框中选择对应的图标文件。

变化 1：尝试把图标改为色块型

⊕ 营销网络遍布全球

在国际市场方面，集团通过积极参加国内外各种知名大型展览会与美国、德
国、日本、韩国等50多个国家建立了良好的业务往来及合作关系，产品远销
200多个国家与地区，并且已成为国内外多家著名IT品牌的产品配套供应商。

单击"开始"–"插入"–"圆角矩形"命令。

变化 2：将图标与标题都改为色块型

⊕ 营销网络遍布全球

在国际市场方面，集团通过积极参加国内外各种知名大型展览会与美国、德
国、日本、韩国等50多个国家建立了良好的业务往来及合作关系，产品远销
200多个国家与地区，并且已成为国内外多家著名IT品牌的产品配套供应商。

单击"开始"–"插入"–"圆角矩形"命令，调整圆角矩形的黄色锚点。

变化 3：将图标与标题都改为线条型

> ⊕ 营销网络遍布全球
>
> 在国际市场方面，集团通过积极参加国内外各种知名大型展览会与美国、德国、日本、韩国等50多个国家建立了良好的业务往来及合作关系，产品远销200多个国家与地区，并且已成为国内外多家著名IT品牌的产品配套供应商。

设置圆角矩形格式，将形状设置为无填充，将线条改为灰色。

变化 4：将图标、标题与正文看作一个整体，使用线条型

> ── ⊕ 营销网络遍布全球 ──────
>
> 在国际市场方面，集团通过积极参加国内外各种知名大型展览会与美国、德国、日本、韩国等50多个国家建立了良好的业务往来及合作关系，产品远销200多个国家与地区，并且已成为国内外多家著名IT品牌的产品配套供应商。

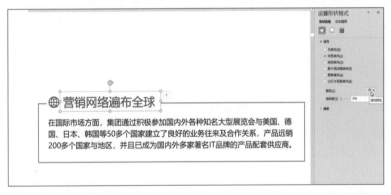

在标题所在的位置插入一个填充为白色、无线条的矩形，将矩形置于文字下层，即可遮挡部分边框。

变化 5：将标题与正文分别设置为不同样式的色块型

聪明的你，学会举一反三了吗？

2.2 文字图片化——图片设计的三种形式

人类大脑对文字信息的处理是比较烦琐的，相对地，因为图像几乎是"所见即所得"，所以人类大脑对图片的感受非常直观且印象深刻，这也是使用图片素材最大的优势。

下载图片素材的时候，我们可以遵循三个原则——**高清、无码、关联**。

高清的图片是视觉上的享受，没有水印的图片给观众的感觉更加专业，而关联性强的图片能更好地展示内容信息。

-- ▶ 图片素材网站推荐，详见附录

在获取优质的图片后，我们可以根据 PPT 页面主题对图片进行不同的设计，常见的有三种处理方式——**全图型、小图型、融合型**。

 ## 2.2.1 "高大上"的全图型呈现

在下载好一张高清大图后，如何使用效果才震撼呢？

答案是让这张图片占满整个屏幕，也就是进行全图型的设计。

若下载的高清大图有足够的空白，我们就可以将文字直接放在空白处，让文字和图片结合，自然地融为一体。

如果图片本身留白不足，我们可以添加渐变色块，扩展空白区域，再加入文字。

在下面这幅图中，全图型的背景图的天空是自然过渡成白色的，所以有了大面积的空白。

在原素材中，天空本来是蓝色并有云彩的，我们通过叠加一层带透明渐变的色块，使其柔和过渡，从而留出空白区域。

全图型过渡渐变

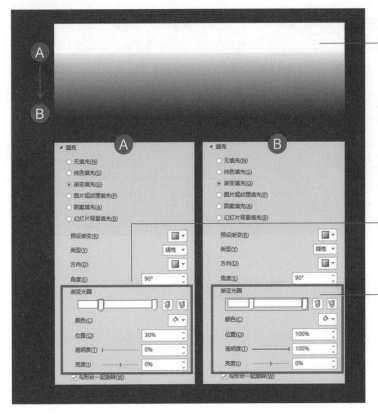

①单击鼠标右键，在弹出的快捷菜单中选择"设置形状格式"选项，在打开的对话框中设置渐变色和90°角，再添加两个光圈

②光圈 A（白色，位置 30%，透明度 0%）

③光圈 B（白色，位置 100%，透明度 100%）

我们还可以添加纯色色块或半透明色块，让文字浮在色块上方，这样既能保留背景图片的细节，又能保证文字的清晰。

 2.2.2 超实用的小·图形排版

当图片素材清晰度不够或需要放多张图片时，可以使用多张小图来排版。

小图形排版的核心原则是"规整"。

我们可以把多张小图当成一个个矩形来排版，也可以将图片与矩形色块进行混排。

只要让这些矩形排列整齐，就达到了小图形排版的目的。

小·图形排版

初始图片

统一图片高度：全选图片与矩形，设置图片格式，勾选"锁定纵横比"复选框并设置高度。

调整对齐与距离：在"开始"选项卡中单击"排列"下拉按钮，在打开的下拉列表中选择"对齐"选项，分别设置顶端对齐和底端对齐。

同理，可以使用相同的方法展示更多的图片。

在把小图形当成矩形进行排版的基础上，还可以把局部的图片替换成色块或文字，排版效果同样整洁有序。

在小图形排版中，图片的组合可以只占页面的局部，留出的空白可以进行图文设计。

2.2.3 场景化的融合型设计

常规的图片都是矩形，想让 PPT 的视觉效果更出彩，可以使用无背景的 PNG 素材图片。

使用多张 PNG 素材或将 PNG 素材与文字内容结合设计，可以将整个页面融为一体。

在下面这页 PPT 中，无背景的汽车素材是不是动感十足、呼之欲出呢？

无背景的 PNG 素材可以结合色块使用，例如下面页面中的角色素材，通过与色块的无缝衔接，使页面元素融为一体。

也可以将色块置于 PNG 素材的背后，这样的设计方式更能突出内容的层次感。

融合型排版

在涉及 App 或软件界面的素材时，可以借助电子产品中的 PNG 素材，让页面更有场景感。

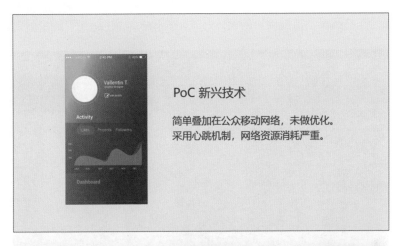

（1）从素材网站下载合适的 PNG 手机图片素材，搜索关键词为"手机"或"iphone"。

（2）将手机图片素材置于底层，调整素材图片的大小，使其大小与手机图片界面的大小一致。

（3）设置背景渐变并调整文字字号。

2.3 文字图表化——图表设计四步法

图表是基于数据的可视化呈现。简单的数字通过图表展现出来，能让人一眼就看出其中的数据对比和数据变化。

选择恰当的图表，搭配恰当的设计方式，能极大地增强 PPT 的说服力。

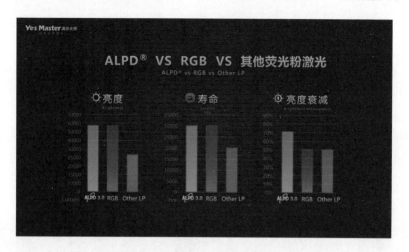

 ### 2.3.1 图表选择原则

常见的图表类型有 4 种：**柱形图、条形图、折线图和饼图**。

柱形图常用于展示多个项目之间的数据对比关系和时间变化，如公司 4 个季度的营收变化。

条形图常用于展示多个项目之间的数据对比关系，如不同部门之间的业绩对比。

折线图常用于展示单个项目数据的时间变化，如某产品的价格变化。

饼图常用于展示不同部分占总体的比例与各部分间的对比关系，如某地区的男女比例数据。

对于需要使用图表呈现的信息，可以用时间、对比、比例 3 个属性来判断使用什么类型的图表更合适。

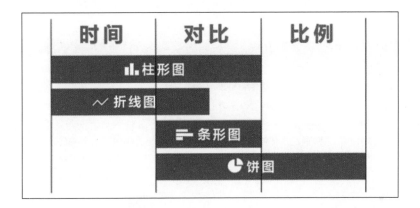

 "5 月份公司各部门的支出情况统计"适合用什么图表？

"5 月份"只是单一的时间点，没有时间变化，不含"时间"属性。

"各部门"包含不同部门的对比，有"对比"属性，可选用条形图。

如果需要同时体现各部门支出占公司总支出的比例，则有"比例"属性，可选用饼图。

综上所述，可选用条形图或饼图。

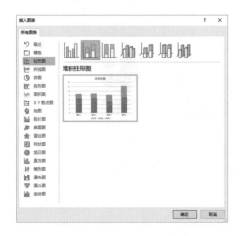

当要展现的数据复杂时，只用默认的图表可能会呈现乏力。

比如，需要同时表达"时间""对比""比例"3 种属性时，可能需要使用百分比的比例形式进行表达，我们要选择什么样的图表来呈现呢？

堆积柱形图：在柱形图的基础上，将柱子分成不同的部分，增加"比例"属性。

图表案例：上半年男装销售额、女装销售额及总计销售额情况统计。

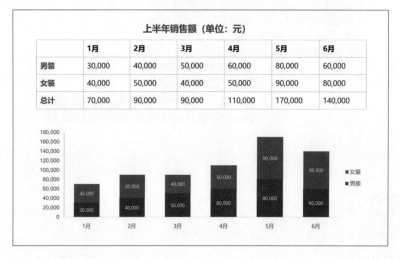

上半年销售额（单位：元）						
	1月	**2月**	**3月**	**4月**	**5月**	**6月**
男装	30,000	40,000	50,000	60,000	80,000	60,000
女装	40,000	50,000	40,000	50,000	90,000	80,000
总计	70,000	90,000	90,000	110,000	170,000	140,000

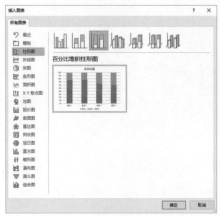

百分比堆积柱形图：在柱形图的基础上，将柱子分成不同的部分，用百分比的形式展示，占比总额均为 100%。

图表案例：上半年公司不同类型收入结构明细表。

收入结构明细表

	1月	2月	3月	4月	5月	6月
主营业务收入	50%	53%	55%	60%	58%	65%
其他业务利润	32%	25%	35%	30%	25%	28%
营业外收入	18%	22%	10%	10%	17%	8%

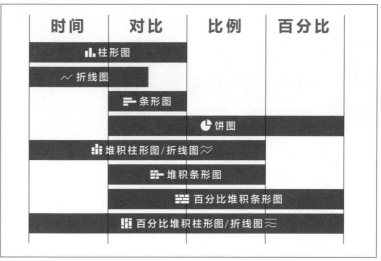

延伸学习：

类似的图表还有展示比例关系的"堆积条形图""堆积折线图"，
以及以百分比形式展示比例关系的"百分比堆积条形图""百分比
堆积折线图"。

判断使用何种图表，可参考下图。

时间	对比	比例	百分比
柱形图			
折线图			
	条形图		
		饼图	
堆积柱形图/折线图			
	堆积条形图		
		百分比堆积条形图	
百分比堆积柱形图/折线图			

动脑思考 ------ 以下数据要使用什么类型的图表？

当呈现的数据不属于同一种类型时（单位不同），不应放在同一个图表中，以同一种图表形式出现；可以使用不同的图表形式，以组合图表的形式呈现，比如柱形图和折线图分别使用不同的坐标轴。

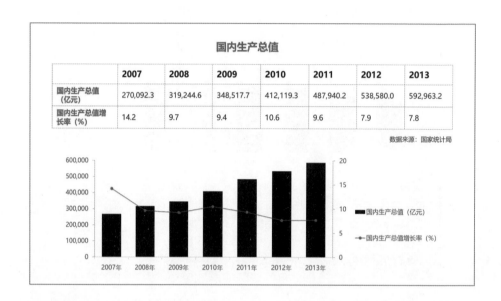

制作组合图表

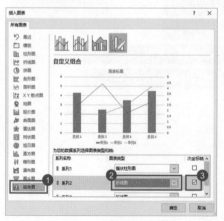

（1）插入图表，在左侧列表中选择"组合图"。
（2）将系列 2 设置为"折线图"
（3）勾选系列 2 右侧的"次坐标轴"复选框，单击"确定"按钮。

2.3.2 图表设计弱化法

一个图表中有多种元素，包括横/纵坐标轴、系列、类别、标题、网格线、图例、数据标签等。

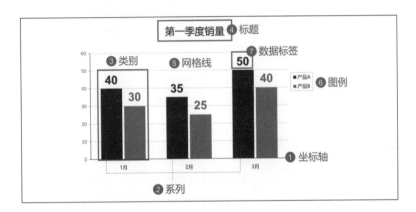

标题：用于概括图表展示内容。

坐标轴：通常分为横坐标轴和纵坐标轴两种。

系列：属于同一个对象的数据。

类别：属于不同对象但含同一种属性的数据，如同一时间。

网格线：通常与坐标轴结合使用，用于辅助数值展示。

数据标签：标记当前对象数据。

图例：对不同系列对应的样式进行标注。

在 PPT 中正常插入图表时，默认图表自带的元素较多，我们可以根据实际情况将图表中多余的元素删减。

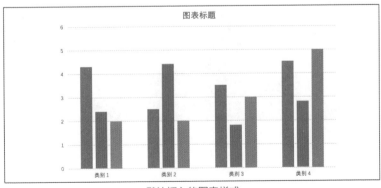

默认插入的图表样式

当只有一个系列时，可以不要图例说明，

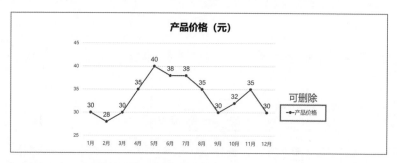

▎删除元素：选中图例，按 Delete 键即可删除。

为了突出具体的数据，可以将纵坐标轴和网格线删除，用数据标签进行代替，使图表更加清晰简约，重点突出。

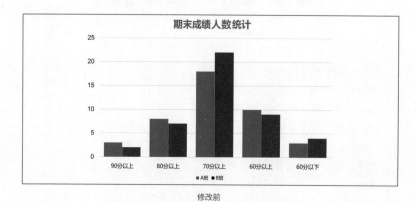

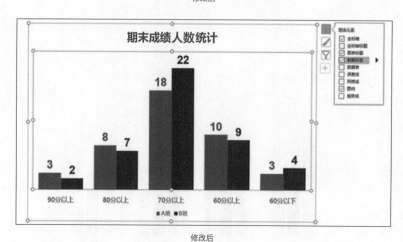

▎增 / 删图表元素：选中图表，单击图表右上角的 + 号，勾选或取消勾选
对应的元素即可。

2.3.3 图表设计强化法

删减图表元素后，可以用以下两种方法将保留下来的重要元素突出显示：

- 通过加大字号、加粗文字、改变颜色的方式突出重点；
- 弱化次要元素的大小与颜色，从而达到增强对比的效果。

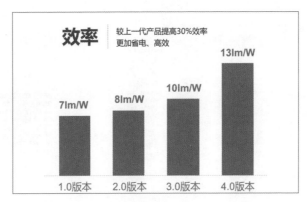

修改前

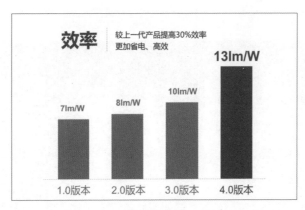

修改后

2.3.4 图表设计美化法

我们可以通过改变填充效果、线条效果，或者添加效果样式、更改图表形状等方法提高图表的美观度。

例如，将柱形图设置为"图案填充"，代替纯色填充，在细节展现上会更丰富。

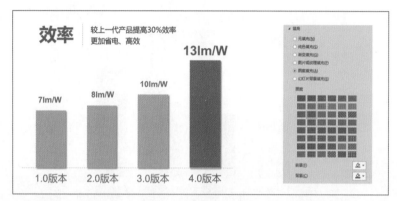

> 选中柱形，右击后在弹出的快捷菜单中选择"设置系列格式"选项，在弹出的面板中展开"填充"选项区，选中"图案填充"单选按钮，然后选择图案进行填充。

也可以将默认图表形状（如柱形、条形等）替换为其他形状、图标或 PNG 素材。

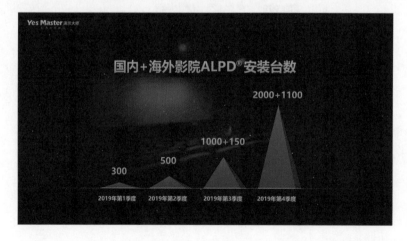

可以用绘制的形状替换柱形，从而制作出别致的图表。

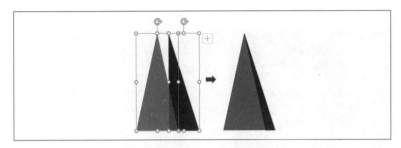

插入颜色深浅不一的两个三角形，即可得到立体三角形组合。

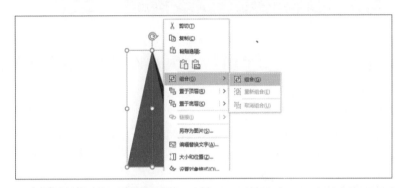

选中两个三角形，右击后在弹出的快捷菜单中选择"组合"-"组合"命令，将两个三角形组合在一起。

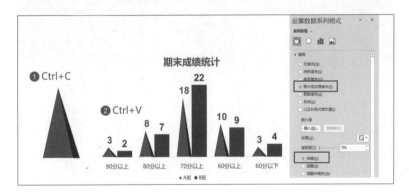

选中立体三角形，按 Ctrl+C 组合键复制；再选中图表中的柱形，按 Ctrl+V 组合键粘贴，即可替换柱形。

备注：

该步操作的原理为图片填充。在"设置数据系列格式"面板中展开"填充"选项区，选择"图片或纹理填充"单选按钮，再选择"伸展"单选按钮。

同理，还可以将条形图设计成重复出现的 PNG 素材，如啤酒状图表。

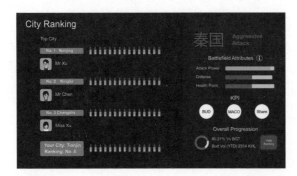

选中条形图中的条形，在"设置数据系列格式"面板中选择"图片或纹理填充"单选按钮，选择替换的 PNG 图，将效果设置为"层叠"（重复出现）即可。

我们还可以依据内容来设计创意图表，用自行绘制的形状代替默认图表。

通过绘制多层圆角矩形并排列，营造出影院的效果，同时用座位数表达相关数据。

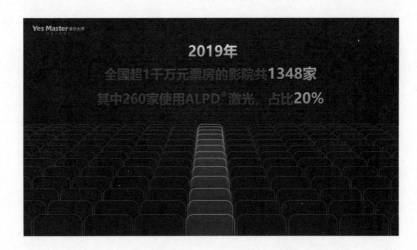

第 3 章

文案三法则

开篇问题

Q、大段文案应该如何处理?

震惊!!!
先看视频后看书
掌握 PPT 如此简单

PPT 学前班

导读

文字作为承载大量信息的载体，相比其他载体，可以表达很多复杂的信息，但在理解上也需要人们花费更多的时间。

只包含大段文字内容的 PPT，其实是另一种格式的 Word 文档。

我们在 PPT 中对文字进行处理时，需要考虑字体的识别度、文案的逻辑性、内容的传达效果，以及不同元素的搭配与转换。

在实际工作中，我们经常会使用有大段文案的 PPT，这样的 PPT 如何设计才更合理？

我们可以分成两种情况进行应对。

第一种情况，对文案内容进行删减、提炼，这种情况可以使用的设计方法比较多，在本章中会详细讲解。

第二种情况，决策者说一个字都不可以删除，这种情况其实更好处理，下面先来介绍这种大段文案的万能处理方法。

万能大段文案设计法

在不删减文字的要求下，下面的页面如何设计更美观？

PART 3　元素设计 文字篇：实战案例

YesMaster演示大师

YesMaster演示大师是专注于商业思维赋能的演示设计公司，公司位于中国深圳前海，立足深圳，服务全球。

公司拥有10年行业经验，3000多个企业演示案例，秉承"只为大师演示"的理念，长期为腾讯、网易、达能、罗氏等世界500强领军企业，吴晓波、科特勒等行业领袖人物，CCTV2《创业英雄会》等各种行业发布会服务，是中国演示行业的标杆与领跑者！

我们聚焦商业信息的深度挖掘、内容逻辑的高端可视化呈现，提供商务演示、创意演示、动画演示、演示培训四大板块为主的多元化、系统化、专业化演示服务，以及发布会活动策划、摄影摄像、会议直播、发布会二次传播等发布会360°一站式服务。

用演示的力量为商业思维赋能，助力品牌价值再度增值与品牌形象深度传播。

1. 调整文字识别度

字体：调整为辨识度更高的字体，如微软雅黑、思源黑体等。

颜色：黑色或灰色。

字号：大于或等于 14 号字，确保文字清晰可见。

PART 3　元素设计 文字篇：实战案例

YesMaster演示大师

YesMaster演示大师是专注于商业思维赋能的演示设计公司，公司位于中国深圳前海，立足深圳，服务全球。

公司拥有10年行业经验，3000多个企业演示案例，秉承"只为大师演示"的理念，长期为腾讯、网易、达能、罗氏等世界500强领军企业，吴晓波、科特勒等行业领袖人物，CCTV2《创业英雄会》等各种行业发布会服务，是中国演示行业的标杆与领跑者！

我们聚焦商业信息的深度挖掘、内容逻辑的高端可视化呈现，提供商务演示、创意演示、动画演示、演示培训四大板块为主的多元化、系统化、专业化演示服务，以及发布会活动策划、摄影摄像、会议直播、发布会二次传播等发布会360°一站式服务。

用演示的力量为商业思维赋能，助力品牌价值再度增值与品牌形象深度传播。

2. 调整层级间距

调整层级间距，可遵循行距（1.25 倍）＜段距＜层距的规律。

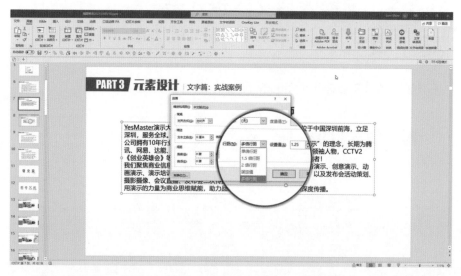

行距设置：单击"段落"对话框中的"行距"下拉按钮，在打开的下拉列表中选择"多倍行距"选项，然后将"设置值"设置为 1.25 倍。

段距设置：在"段落"对话框中选择"段前"或"段后"，并设置合适的磅数。

调整间距后的效果如下。

PART 3 元素设计 | 文字篇：实战案例

YesMaster演示大师

YesMaster演示大师是专注于商业思维赋能的演示设计公司，公司位于中国深圳前海，立足深圳，服务全球。

公司拥有10年行业经验，3000多个企业演示案例，秉承"只为大师演示"的理念，长期为腾讯、网易、达能、罗氏等世界500强领军企业，吴晓波、科特勒等行业领袖人物，CCTV2《创业英雄会》等各种行业发布会服务，是中国演示行业的标杆与领跑者！

我们聚焦商业信息的深度挖掘、内容逻辑的高端可视化呈现，提供商务演示、创意演示、动画演示、演示培训四大板块为主的多元化、系统化、专业化演示服务，以及发布会活动策划、摄影摄像、会议直播、发布会二次传播等发布会360˚一站式服务。

用演示的力量为商业思维赋能，助力品牌价值再度增值与品牌形象深度传播。

3. 添加修饰与对比

添加修饰与对比有两种方法：使用项目符号或图标、将关键词加粗或调整颜色。

PART 3 **元素设计** 文字篇：实战案例

YesMaster演示大师

➤ YesMaster演示大师是专注于商业思维赋能的演示设计公司，公司位于中国深圳前海，立足深圳，服务全球。

➤ 公司拥有10年行业经验，3000多个企业演示案例，秉承"只为大师演示"的理念，长期为腾讯、网易、达能、罗氏等世界500强领军企业，吴晓波、科特勒等行业领袖人物，CCTV2《创业英雄会》等各种行业发布会服务，是中国演示行业的标杆与领跑者！

➤ 我们聚焦商业信息的深度挖掘、内容逻辑的高端可视化呈现，提供商务演示、创意演示、动画演示、演示培训四大板块为主的多元化、系统化、专业化演示服务，以及发布会活动策划、摄影摄像、会议直播、发布会二次传播等发布会360˚一站式服务。

➤ 用演示的力量为商业思维赋能，助力品牌价值再度增值与品牌形象深度传播。

3.1 逻辑法——文案逻辑图示化

与万能的大段文案处理方法不同，当需要表达文案的逻辑关系时，我们需要梳理内容的逻辑性，用可视化的方式将逻辑关系展现出来。

文案逻辑图示化可以通过两步来实现。

第一步，提炼内容的逻辑关系。一方面了解文案的常见逻辑关系，另一方面了解不同逻辑关系的基础图示形式。

第二步，在常规逻辑图示的基础上，改变形状或排版方式，设计出更富创意的图示形式。

如果文案内容中包含多层逻辑关系，则可以用不同图式的组合来表达复杂的逻辑关系。

3.1.1 常见的逻辑关系

常见的逻辑关系有以下几种。

并列关系：多个对象属于同一种类，并且相互平等，比如四大方面、五个关键点等。

总分关系：多个对象从属于一个整体对象，而多个对象之间是并列关系，比如标题与内容之间一般都是总分关系。

层级关系：不同对象属于不同层级，如组织架构、马洛斯需求层次理论等。

常见的逻辑关系的布局方式有以下几种。

并列布局：通常有横向排列、纵向排列、矩阵排列和聚合排列。

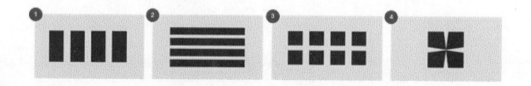

总分布局：通常有中心发散和单侧发散。

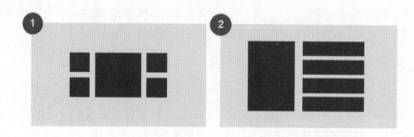

层级布局： 通常有纵向排列和梯度排列。

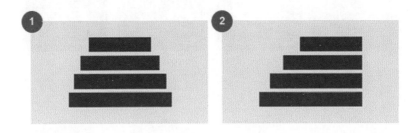

在确定了逻辑关系以后，我们可以选择一种基础的图示排版方式，通过替换形状，就可以得到独特的图示设计效果。

使用并列布局中的横向排列方式。

替换为需要表达的内容。

通过改变形状，使外观产生变化。

通过改变样式增强设计感。

当基本图形特点不突出时，可以考虑使用自由图形，即通过下载相关图形进行二次加工，或者自己绘制图形来设计。

动脑思考

以下内容包含怎样的逻辑关系？如何设计？

"一体两翼"动销模式为总分关系，其中"一体"是总，"两翼"是分，原来的图形逻辑结构并不准确。

我们可以使用总分布局的中心发散版式进行设计，使用基本图形并加以修饰，基本上能够表达其中的逻辑关系。

"一体两翼"容易让人联想到火箭的主体与助推器或飞机的双翼，所以可以考虑使用火箭图标来替代原本的逻辑图形，并将相关关键词与图标结合进行呈现。

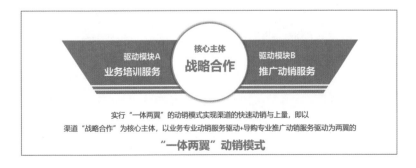

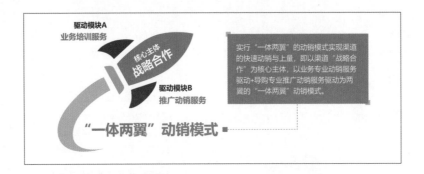

 ### 3.1.3 复合逻辑图示

在对文案进行处理的过程中，我们有时会发现文案并不是单一的逻辑关系，可能包含多层逻辑关系，这时就需要我们对文案进行梳理，提炼出不同的逻辑关系并转换成图示形状，将多个图示形状进行组合，就形成了复合逻辑图示。

以下内容包含怎样的逻辑关系?

> 家装大师专注提供一站式互联网健康家装、家居的解决方案，采用 F2C（Factory To Consumer，无任何中间环节）模式，F 指制造商，C 指客户。家装大师通过打造网络商城、云设计、体验店等内容供给平台，将精挑严选的国际著名品牌代工产品、世界原产地产品、知名设计师产品、先进智能产品，供应给客户，让每一个家庭能够享受顶级品质、平民价格、个性专属的互联网＋家装＋家居服务。

逻辑主线: Factory(制造商)→供应产品→ Consumer（客户）。
总分关系 1: 制造商内容供给平台包括网络商城、云设计、体验店。
总分关系 2: 供应的产品有国际著名品牌代工产品、世界原产地产品、知名设计师产品、先进智能产品。

3.2　转换法——多元素搭配设计

当文案内容较简单或不需要突出逻辑关系时，我们可以将关键词用不同的元素形式呈现，同样能增强设计感，丰富表达形式。

将文案含义转换为图片、图形等元素后，根据实际情况，有两种设计方法。

一是将文字和转换元素进行关联设计，同时呈现在页面上，调整两者的主辅关系。因为两者表示的含义是一样的，所以文字可以作为主体或作为辅助元素进行设计。

二是用转换元素直接替换文字中对应的内容，有三种常见的替换位置：关键词、关键字或文字的某个部首。

3.2.1 关联元素修饰法

以下文案中包含什么关键词? 可以转换成什么素材?

人生就是不断选择的过程
可是很多人从未想过自己是如何做出选择的

关键词:"选择"。
可转换素材:十字路口、路牌、选项等。

人生就是不断选择的过程
可是很多人从未想过自己是如何做出选择的

方案 A:十字路口。
适用素材:图片。
设计方式:为了展示十字路口细节,适合用全图型排版方式,图片为主,
文字为辅。

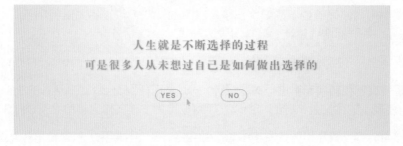

人生就是不断选择的过程
可是很多人从未想过自己是如何做出选择的

YES   NO

方案 B:选项。
适用素材:图形。
设计方式:利用图形强化"选择"的含义,图形只作为辅助元素,
突出文字主体。

以下文案中包含什么关键词？可以转换成什么素材？

给出高锚定——增加收益

锚定效应：心理学名词，人们在对某人或某事做出判断时，易受第一印象或第一信息的支配，就像沉入海底的锚，以此定位基点，建立评价体系。

关键词：高锚定、增加收益。
当存在多个关键词时，可以根据情况选择其中一个或多个，转换为图形元素。

给 出 高 锚 定
增 加 收 益

选取关键词：高锚定。
适用素材：图形。
选择锚的图形表示"锚定"，将其置于页面较高的位置表示"高"。

同理，下面的文案内容也可以进行类似的设计。

利用低锚定——制造惊喜

选取关键词：低锚定。

适用素材：图形。

"锚定"依然用锚的图形表示，"低"则与上一个例子中的"高"相对，将其置于页面较低的位置。

以下文案中包含什么关键词？可以转换成什么素材？

陪伴大家度过下一个创富十年

选取关键词：创富、十年。

适用素材：图形、图片。

从网上搜索打开商业大门的图片素材，搜索关键词"创造""财富""商业"等，表示"创富"；将 10 年的年份数字依次排列，并突出显示当前年份，表示"十年"。

3.2.2 关键元素替换法

如果说关联元素修饰法是锦上添花，那么关键元素替换法就是画龙点睛。

封面标题、章节标题或封底的结束语非常适合使用关键元素替换法，其中的创意能一下子引起观众的注意。

关键元素替换法的要点在于挑选出关键词、关键字或关键字对应的部首，再寻找同含义的图形或无背景图片进行替换。

以下文案中包含什么关键词？可以转换成什么素材？

如果五年内你还以同样的方式做生意，那你就离关门大吉不远了。

选取关键字：门。

适用素材：图形。

在图片网站上搜索关键词"开门""关门"，找到合适的素材并下载，替换对应关键词"门"。图片素材既代替了"门"这个字，又营造了"关门大吉"的场景感，一语双关。

3.3 结合法——内容一体化呈现

不被人察觉的设计，才是伟大的设计。

对于 PPT 而言，要做出好的设计，最好的方式是将内容一体化呈现。内容一体化呈现方式能使整体与部分、部分与部分自然切换，在演示过程中一气呵成，让观众察觉不出刻意设计的痕迹。

要做到内容一体化呈现，有两个关键点。

第一，"内容"越少越好，这就需要对关键词进行提炼。**第二，"一体化"程度越高越好**，这就需要深刻理解内容与逻辑的关系，并且灵活运用自由图形进行设计。

 ## 3.3.1 关键词提炼与转换

提炼关键词的前提是演讲者对 PPT 内容较熟悉，只要看到页面上包含的相应关键词与对应元素，就能完成整场演示。

提炼关键词后，还可以进一步进行结合设计，利用转换法将关键词转换成其他元素进行修饰或替换，进行整体排版。

以下文案中包含什么关键词？可以转换成什么素材？

一．大健康时代的趋势需求
现实中我们的很多新房都有"装修后遗症"，国内最新的研究表明，在室内空气污染源中，甲醛、有机挥发物（VOCs）和苯等广泛存在于人造板材、家具、涂料、装饰材料中。其中，板材中的甲醛释放周期为 8 ~ 15 年，居室中 VOCs 完全挥发至少要 3 年。为了提供优质健康的家装资源，目前，家装大师已集聚全球健康环保的高品质制造商资源，整合了 118 种国内外品牌商优质代工资源，包括 PHILIPS、MUJI、双立人、松下、三菱、科勒、慕思、东鹏等高端品牌。

关键词提炼与转换要点如下。

（1）使用一两句话概括内容，并尽可能简练。

这段文案中有两层意思：

室内空气污染源的释放周期长；
装修污染对人类有危害。

（2）保留关键词，通常为名词、数字等，含有必要性描述的句子可完整保留。

　一．大健康时代的趋势需求
　现实中我们的很多新房都有"装修后遗症"，国内最新的研究表明，在室内空气污染源中，甲醛、有机挥发物（VOCs）和苯等广泛存在于人造板材、家具、涂料、装饰材料中。其中，板材中的甲醛释放周期为 8 ~ 15 年，居室中 VOCs 完全挥发至少要 3 年。为了提供优质健康的家装资源，目前，家装大师已集聚全球健康环保的高品质制造商资源，整合了 118 种国内外品牌商优质代工资源，包括 PHILIPS、MUJI、双立人、松下、三菱、科勒、慕思、东鹏等高端品牌。

（3）元素转换，将关键词转换为图形元素，不好转换的完整句子可以直接进行文字排版。

因为文案中的关键词"甲醛""有机挥发物""苯"均为室内空气污染源，所以可以选择室内的图片作为背景，将三个关键词转换为图形，设计成污染源漂浮在空气中的场景，还可将环境颜色调整为黑白，体现危害性。

文案中"118 种国内外品牌商优质代工资源"这样的描述文字是高度概括的，所以将整句话保留，并将品牌 Logo 进行排版以突出呈现。

动脑思考 —————— **以下文案中包含什么关键词？可以转换成什么素材？**

家，是我们身体、心灵休憩的港湾！

为了家，我们心甘情愿去装修、装饰房子。

可为什么现实中，许多人把房子装修得金碧辉煌，住进去却感觉难受呢？

对此，我们想说：

● 住房健康是家庭最重要的投入，家居环境应为人的健康服务；

● "懂得"满足健康需求的房子才是好房子！智能化，让家更"有资格"为人服务。

未来，我们要打造高品质的"健康智能家"！

（1）概括内容。

很多时候，段首总起句或段末总结句可直接概括全文。

> 我们要打造高品质的"健康智能家"！

（2）保留关键词。

面对大段文字的演讲稿，我们可以大胆地将引导性的语句、修饰性的语句删掉，只保留核心名词。

实际上，被删除的内容依然会由演讲人补充，所以与演讲人确认后，提炼关键词可以更大胆。

这段文案经提炼后，只剩下一句关键句了，这句关键句中有三个关键词。

家，是我们身体、心灵休憩的港湾！

为了家，我们心甘情愿去装修、装饰房子，

可为什么现实中，许多人把房子装的金碧辉煌，住进去却会感觉难受呢？

对此，我们想说：

● 住房健康是家庭最重要的投入，家居环境应为人的健康服务，

● "懂得"满足健康需求的房子才是好房子！智能化，让家更"有资格"为人服务。

未来，我们要打造高品质的"健康智能家"！

（3）元素转换。

家：使用关键元素替换法，搜索与家相关的元素，如屋檐的无背景图素材，将"宀"替换为屋檐元素。

健康：使用关联元素修饰法，搜索与健康相关的元素，如绿叶的无背景图素材，可作为"健康"文字的修饰元素。

智能：使用关联元素修饰法，搜索与智能相关的元素，如科技光环的无背景图素材，可作为"智能"文字的修饰元素。

打造高品质的"健康智能家"：表达理念与愿景，可作为完整句子单独进行文字排版。

3.3.2 创意一体化图示

当我们对内容有了深刻理解后，可以尝试将整页的关键词都包含在一个图示中，甚至搭建出包含所有内容的完整视觉化场景，设计出创意一体化的图示。

动脑思考

以下内容包含怎样的逻辑关系？如何设计？

> CMO 的三大痛点
>
> CEO 的期待：利润增长。
>
> CMO 的痛点：传统营销无法应对新挑战和 CEO 的期望。
>
> 痛点一：营销过度部门化和职能化。
>
> 痛点二：营销过度依靠短期战术手段。
>
> 痛点三：营销无法直接驱动业绩增长。

逻辑主线：传统营销方式与 CEO 的期待两者之间存在差距，具体为 CMO 的三大痛点。

文 案	具象化元素
传统营销方式	较短的增长箭头
CEO 的期待	较高的目标线
差 距	虚 线
三个痛点	延伸的点

设计思路： 为了体现逻辑主线，我们使用箭头将"传统营销方式"和"CEO 的期待"连接在一起。因为两者之间存在差距，所以可以将其中一段线段设计成虚线。差距的具体原因有三个，可以使用线条进行连接，引出具体的说明文字。

动脑思考 **以下内容包含怎样的逻辑关系？如何设计？**

关于"增长"的发现

并购增长 VS 自然增长

追求自然增长的企业往往比那些通过并购来增长的企业更优秀。

自然增长的要素：

• 市场领导力

• 营销部门和公司其他职能部门良好协同

• 给公司的高增长产品重新分配更多资金

• 创造新的产品、服务和商业模式

• 优化现有业务的销售策略、定价策略、营销方案和成本管理

逻辑主线： 自然增长优于并购增长，其中包括五个要素。

文案	具象化元素
并购增长	细胞吞噬
自然增长	涟漪扩散
优 于	高度落差
五个要素	延伸的点

设计思路：先设计出并购增长和自然增长的图标，为了展示两者之间的区别，可以模仿柱形图，在底部添加矩形，使用高度落差进行对比。再将差距标记出来，其表达的含义可以通过文字加以说明。最后为自然增长图标添加线条引导，衍生出五个点，表示自然增长的五个要素。

动脑思考　　以下内容包含怎样的逻辑关系？如何设计？

> 站高谋远，上海分行秉承数字化经营理念，看准方向，找准行业，选准产品，让数据多说话，让客户少走路，打通金融服务实体经济的"最后一公里"。

逻辑主线：上海分行打通了金融服务实体信息的"最后一公里"，其中包括三个关键步骤。

文案	具象化元素
"最后一公里"	延伸的道路与数值
金融服务实体经济	道路终点
三个关键步骤	途中延伸的点

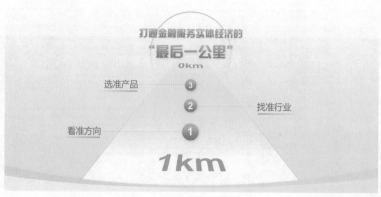

　　设计思路： 文案中的"最后一公里"，词义本身就带有场景，所以非常适合设计成场景化的道路，可以添加上 1km、0km 的标记。沿着这个思路，将"金融服务实体经济"作为道路延伸的终点，把总结句放在上面，添加圆形作为装饰，其中的三个关键步骤可以通过点和线条延伸，配合文字进行说明。

第 4 章

配色三要素

Q、 配色有哪些常见误区？

震惊！！！
先看视频后看书
掌握 PPT 如此简单

PPT 学前班

导读

笔者曾经服务过一个国企客户，客户非常满意第一次合作为其设计的 PPT，很快就定稿了。第二次合作的时候，客户希望尝试新的风格，却对设计怎么也不满意，多次沟通之后，才发现原来客户特别喜欢第一次合作时设计稿中的金色效果。

"这种'土豪金'的感觉，特别符合我们企业的调性。"

在后续的合作中，只要设计稿有金色质感，过稿率就非常高。

掌握了配色的秘诀，在职场 PPT 中就能轻松设计出与行业、主题密切相关的配色，满足决策者对颜色的所有想象，大大提高 PPT 的过稿率。

但对非设计专业出身的普通人而言，配色仿佛是很高深的学问。

其实不然，只要规避配色的常见误区，同时掌握颜色的三要素，就能轻松地做好 PPT 的配色。

动脑思考　以下 PPT 配色为什么不好看?

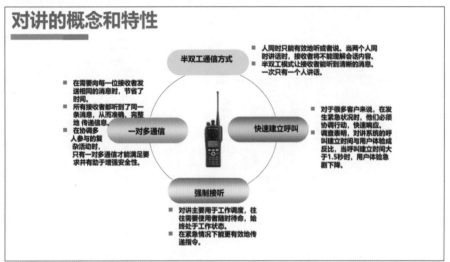

1. 颜色太多——颜色种类应控制在 3 种以内

在 PPT 设计中,除黑、白、灰 3 种无彩色外,我们还需要控制有彩色的种类数。

无彩色:黑、白、灰。

有彩色:红、橙、黄、绿、蓝、靛、紫。

有彩色种类越多，整体风格越活泼，在娱乐行业、幼教行业使用较多。

有彩色种类越少，整体风格越简约、商务，常规的职场 PPT 应将有彩色控制在 3 种以内，建议使用 1 或 2 种有彩色即可。

在职场 PPT 中，简约大方就是最好的配色风格。

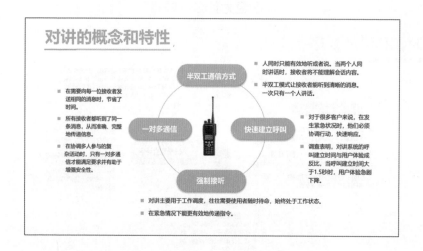

商务程度排序：1 种有彩色 + 无彩色 > 2 种有彩色 + 无彩色 > 3 种有彩色 + 无彩色。

比如，以红色为主色调，可以选择以下配色方案。

1 种有彩色 + 无彩色：红 + 黑白灰。

2 种有彩色 + 无彩色：红黄 + 黑白灰。

3 种有彩色 + 无彩色：红黄蓝 + 黑白灰。

动脑思考

以下 PPT 配色为什么不好看?

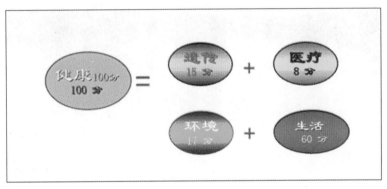

2. 渐变不合理——渐变设置应该过渡自然

适当使用渐变可以丰富 PPT 的颜色层次,但随意搭配渐变色,可能会适得其反。
在设置渐变色的时候,用相近的颜色制作渐变效果,过渡会更为自然。

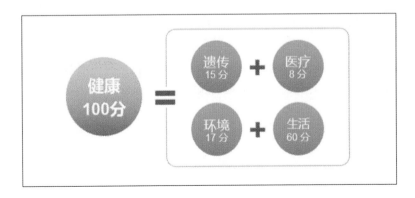

如果把握不好渐变色，则使用纯色效果可能更佳。

- ▶ 渐变配色知识点详见第 4.3 节

以下 PPT 配色为什么不好看？

3. 辨识度低——颜色选择应与背景色对比明显

当文字内容的颜色和背景色过于接近时，会导致文字内容的辨识度很低，不利于信息的传达。

比如，白色背景上放黄色的文字，因为白色和黄色都较亮，所以很难看清黄色的文字内容。

看不清文字内容造成的影响比配色不好看造成的影响要大得多。所以，在文字的配色上，需要选择与背景色对比明显的颜色。

最简单的方式是，深色背景上用浅色文字，浅色背景上用深色文字。

4.1　三要素简介——配色三要素

要做好 PPT 的配色，我们需要了解配色的三要素，分别是色调、饱和度和亮度。

通过调整配色三要素，可以得到任何我们想要的颜色。

调配颜色的原理就像调制一杯咖啡，知道三个问题的答案就可以得到自己想要的结果。

"请问您想要哪一款咖啡？"
"请问要中杯还是大杯？"
"请问要多糖还是少糖？"

OK，我们的咖啡调制好了。

"请问您想要哪一种颜色？"（色调）
"请问颜色要深一些还是浅一些？"（饱和度）
"请问颜色要亮一些还是暗一些？"（亮度）

OK，我们的颜色调配好了。

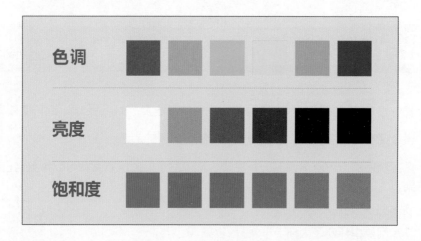

想要调整配色三要素，可以单击"设置形状格式"面板中的"颜色"下拉按钮，在打开的下拉列表中选择"其他颜色"选项，打开"颜色"对话框，选择"自定义"选项卡，在"颜色模式"下拉列表框中进行设置。

其中，H 指的是色调（Hue），S 指的是饱和度（Saturation），L 指的是亮度（Lightness）。

HSL
色调　饱和度　亮度

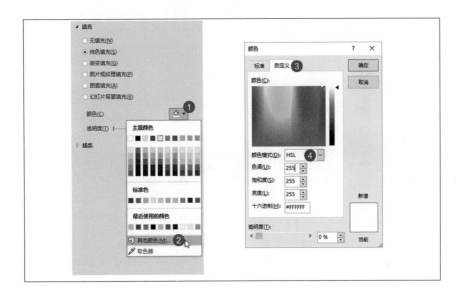

4.1.1 色调：颜色类别

　　色调指的是颜色的种类，如红、橙、黄、绿、蓝、靛、紫，每一种色彩都是单独的色调。

相同的色调也是有区别的，当我们描述颜色的时候，会在颜色前添加定语进行区分。

比如红色，有深红、浅红、粉红、中国红等。虽然属于同一种色调——红色，但饱和度和亮度不同，就会有所区别。

在设置 HSL 时，色调并不是以单纯的颜色种类进行划分的，而是以 0~255 的数值进行划分的。

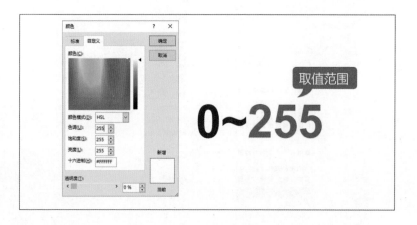

调整色调数值，对应的颜色种类会发生变化。

4.1.2 饱和度：颜色鲜艳度

饱和度指的是颜色的鲜艳程度，饱和度数值的调整区间同样为 0~255。

当我们觉得颜色太刺眼时，意味着饱和度偏高（数值接近 255）；而当我们觉得颜色偏灰，显得有点脏的时候，意味着饱和度偏低（数值接近 0）。

演示小贴士：
高饱和度的颜色显得更有活力，更能吸引观众的注意。
需要注意的是，在 LED 上放映 PPT 时，高饱和度的颜色加上屏幕的灯光，会显得非常刺眼，容易让人产生视觉疲劳。

4.1.3 亮度：颜色明暗度

亮度指的是颜色的明暗程度，数值调整区间也是 0~255。

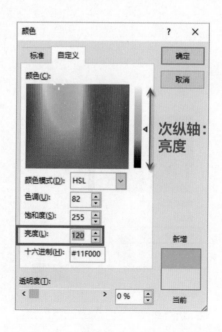

亮度越高（数值接近 255），颜色越亮，越接近白色；亮度越低（数值接近 0），颜色越暗，越接近黑色。

比较直观的形容是，一天中从天亮到天黑的变化就是亮度的明暗变化。

低亮度和低饱和度容易被混淆，两者之间的区别在于：

· 亮度越低，越接近黑色（越暗）；
· 饱和度越低，越接近灰色（越脏）。

了解了配色三要素后，笔者将在后面两节中介绍具体的配色应用。

在调配 PPT 颜色的时候，我们首先需要确定一个主色调。

在主色调的基础上，选择单色 + 黑白灰或搭配其他有彩色。

我们可以根据使用的场景确定主色调，再通过调整饱和度和亮度，得到想要的颜色。

4.2.1 场景选色法

职场中 PPT 的主色调选取其实并不需要专业的配色知识，只要掌握其中的方法，就能确定主色调。

我们可以根据使用场景，使用合适的选色法搭配颜色。使用场景可以分为两种：一种是品牌类的 PPT，可使用 Logo 选色法；另一种是主题类的 PPT，可使用主题选色法。

1. Logo 选色法

品牌类的 PPT 是一些企业对内或对外使用的 PPT，如工作汇报、策划方案、产品介绍、发布会说明等，需要体现企业的品牌形象。

什么颜色才能体现企业的品牌形象？

或者换一个问题，你印象中的星巴克是什么颜色的？

答案是绿色。光顾过星巴克的顾客大多会将其 Logo 中的绿色与星巴克的品牌挂钩。

甚至有一种以企业名称命名的蓝色，被注册为国际通用标准色卡，并成为独一无二的品牌注册颜色。

这种蓝色可能是世界上最"昂贵"的蓝——蒂芙尼蓝。

所以，品牌类 PPT 的配色方法就藏在企业的品牌 Logo 中。

不同的行业有各自对应的行业色，而不同的企业也有更细分的企业代表色。

餐饮行业、食品行业的 Logo 以暖色系的红色、橙色、黄色居多，比如麦当劳、海底捞、可口可乐等。

互联网行业、咨询行业的 Logo 以蓝色居多，如腾讯、Facebook、科特勒咨询集团等。

如果 Logo 中包含两种以上的颜色，我们就可以从中提取主色调与搭配色，直接在 PPT 中使用。

提取的主色调可以应用到整个 PPT 的页面元素中。

2. 主题选色法

主题类的 PPT 是对某个主题的演讲或分享，不涉及品牌或不必突显品牌。

例如，个人要做一次关于环保主题的演讲，可将绿色作为 PPT 的主色调；企业要举办一场年会，为了突出热闹喜庆的主题，可将红色作为主色调。

每种颜色都有其所代表的属性与感情色彩，我们可以根据主题来选择对应的颜色作为主色调。

红色
可以表现女性性感、大方、艳丽
可以表现奢华、昂贵、品质
可以表现喜庆、热闹、民俗、婚嫁
可以表现美食、文化、权力、历史
可以表现危险、恐怖、血腥

橙色
可以表现秋天、温暖、家庭
可以表现餐饮、食品、甜味（温润的甜）
可以表现活泼可爱的童趣
可以表现促销

黄色
可以表现调皮的童趣、年轻人的个性
可以表现夏日炎热、甜味（甜中带酸）
可以表现戏剧、警示、促销

绿色
可以表现自然环保、健康卫生
可以表现青春正能量、朴素雅致

蓝色
可以表现世界观、地球、宇宙、梦想、自然、科技
可以表现理智、医学、干净卫生
可以表现冬季、寒冷、清冷、忧郁、幻想、品质

紫色
可以表现女性优雅、奢华
可以表现幻想、梦幻、浪漫

4.2.2 纯色调配法

在制作 PPT 时，可根据实际场景，借助选色法选取合适的主色调。

我们可以通过调节饱和度和亮度，使主色调更符合 PPT 的颜色需求。

例如，选取的主色调为黄色，PPT 整体颜色为白色。因为黄色与白色背景过于接近，所以可以通过降低黄色的亮度，使之与白色差别更大。

如果选取的主色调为红色，那么某些页面就会使用大面积的红色。

大面积的红色过于刺眼，可以通过降低红色的饱和度，将颜色调整得更加舒适自然。

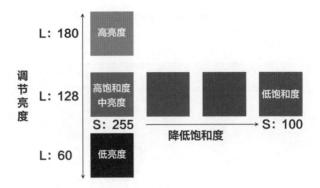

通过调节饱和度和亮度，我们可以对单一纯色进行细致的调整，从而确定主色调。

4.3 渐变与多色应用——用统计知识搭配颜色

利用选色法与调色法，我们现在已经得到一种理想的主色调了。

这时我们能做出一款简约商务的扁平化配色风格的 PPT：单色 + 黑白灰。

若决策者希望颜色层次更丰富，那么只有单色显然不能满足要求。

假如 Logo 中包含其他有彩色，就可能需要设计出"双色 + 黑白灰"或"三色 + 黑白灰"的扁平化配色风格。

一些时尚年轻风格的 PPT 还会用到渐变色效果，如多彩风格、微立体风格、新拟物风格等。

掌握调整 HSL 方法后，除主色调外，我们还可以轻松设计出渐变色或多色搭配的效果。

具体的渐变调整方法，我们可以借助一个跨学科的知识——统计学，使用控制变量法进行设置。

> 控制变量法是指把多因素的问题变成多个单因素的问题，只改变其中的某一个因素，从而研究这个因素对事物的影响，分别加以研究，最后综合解决的方法。

使用调整 HSL 方法，我们可以在主色调的基础上，只改变色调、饱和度或亮度中的一个数值，其他数值保持不变，即可调配出另一种搭配的颜色。

选取主色调后，我们可以通过"颜色"对话框，得到主色调的 HSL 数值。以红色（H244，S242，L118）为例，我们尝试调配出其对应的渐变色与搭配色。

H: 244
S: 242
L: 118

4.3.1 渐变配色法

颜色的渐变分为两种类型：同色调渐变和跨色调渐变。

同色调渐变的渐变效果较轻微，过渡非常自然，显得简约又大方，不会太花哨。

跨色调渐变的渐变效果较明显，可以营造出时尚前卫的感觉，符合年轻人的审美，对受众为青少年的行业品牌更为适合。

我们可以根据应用场景与品牌调性，确定使用何种渐变效果。

1. 同色调渐变——亮度变量法 / 饱和度变量法

在设置渐变时，添加两个光圈，将它们设置为同样的 HSL 数值，再将其中一个光圈用以下方法进行调整，就可以得到自然的同色调渐变。

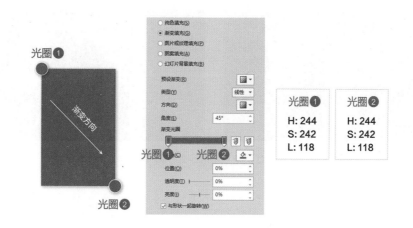

饱和度变量法：只调整饱和度数值，色调数值与亮度数值保持不变。

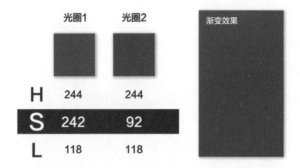

亮度变量法：只调整亮度数值，色调数值与饱和度数值保持不变。

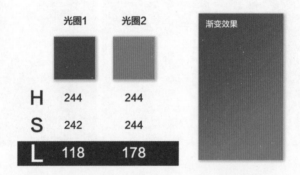

从渐变效果的自然程度来看，使用亮度变量法的效果更自然。因此，在保持色调数值不变的情况下，推荐使用亮度变量法设置渐变效果。

2. 跨色调渐变——色调变量法

色调变量法：只调整色调数值，饱和度数值和亮度数值保持不变。

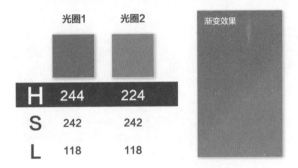

在设置跨色调渐变效果时，不同的色调数值的差值会得到不同的视觉效果。

当不同光圈的色调数值相近时，将色调数值的差值控制在 ±50 以内，渐变效果会更加柔和自然。

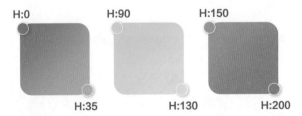

当不同光圈的色调数值差值较大时，配色风格更加前沿时尚，但在职场 PPT 中使用得较少。

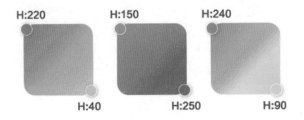

4.3.2 多色配色法

渐变配色是在一个对象上填充不同颜色的渐变，而多色配色是对不同对象填充不同的颜色。

运用多种颜色的配色方案，可以丰富 PPT 的颜色层次，在效果呈现上显得更加丰富。

如果希望保持商务简约的风格，同时还能突显层次，则可以使用固定色调的多层次单色作为配色方案。

1. 多层次单色——亮度等差法

亮度等差法：只调整亮度数值，以等差的方式调整多个光圈的亮度值，保持色调数值和饱和度数值不变。

例如，四个光圈的亮度数值分别为 100、120、140、160，每两个相邻光圈的亮度差值相同，均为 20。

具体亮度差值可根据光圈数量和视觉效果进行调整。

------------------------------▶ 等差数列：相邻两项之间有固定的差的数列被称为等差数列

使用等差数列，根据差值大小可以调配出数个甚至数十个自然过渡的多层次单色。

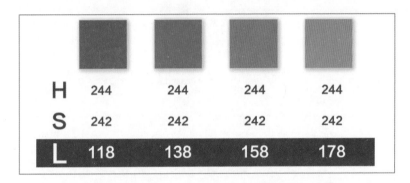

2. 多色调配色——色调变量法

色调变量法：只调整色调数值，饱和度数值和亮度数值保持不变

多色搭配在配色运用中较为复杂，可以在主色调的基础上确定配色风格，再通过色调变量法搭配出多种颜色。

其中，配色风格可分为邻近色搭配与对比色搭配两种。

邻近色搭配：不同颜色的色调差值在 ±50 以内。

因为相邻颜色的视觉效果较接近，所以在搭配上显得和谐自然，适用于大部分场合。

使用邻近色搭配的优点是，不管如何搭配都不会出现问题，容易掌握和应用，推荐在日常工作中使用。

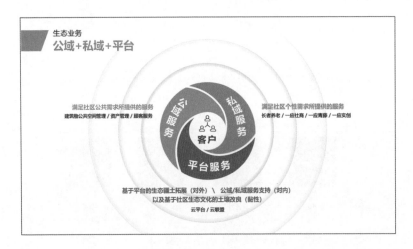

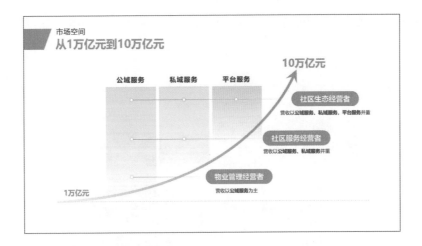

对比色搭配：不同颜色的色调差值为 80~180（若色调数值低于 0 或超过 255，则超出部分从 255 或 0 继续叠加计算）。

对比色之间的视觉效果差异较大，显得对比强烈，风格鲜明。

使用对比色搭配的优点是，若运用得恰当，则视觉效果非常出彩，但较难把握，一般不建议初学者使用。

在使用对比色搭配的时候，因为对比过于强烈，稍有不慎，就容易造成视觉上的强烈反差。

遇到这样的情况，有三种方法可以调节。

● 使用黑、白、灰无彩色中和

因为黑、白、灰属于中性颜色，能够百搭各种颜色，所以可以充当对比色之间的调停者。

可以使用大面积的黑、白、灰背景转移观众的注意力，如使用白底、黑底等。

还可以将黑、白、灰无彩色作为对比色之间的分隔色进行调和，如作为边框或修饰色块等。

● 加大对比色之间的面积比

当对比色"势均力敌"时，对比效果尤为强烈。反过来，只要控制对比色面积的比例，以其中一种色调为主，即可减弱整体的违和感。

● 同时调整对比色的亮度或饱和度

我们已经知道，亮度数值越低，颜色越接近黑色；亮度数值越高，颜色越接近白色。

黑色与白色都是百搭的颜色，同时调高或降低对比色的亮度，就能削弱强烈的反差效果。

当对比色偏鲜艳时，对比效果更强烈，可以通过降低饱和度数值的方式达到调和的目的。

第5章

排版三原则

Q、怎样才能一眼看出 PPT 的排版问题?

震惊!！！
先看视频后看书
掌握 PPT 如此简单

PPT 学前班

导读

好的审美对 PPT 设计来说非常重要。

除了发现美，相对的，我们还需要一双能够发现丑的眼睛。只有知道问题出在哪里，我们才能对 PPT 进行优化。

PPT 本身包含文字、图片、形状、图表等多种元素，再加上颜色的变化等诸多因素的干扰，导致没有设计基础的初学者很难发现版式上存在的问题。

为了解决这个问题，我们可以将复杂的元素转换成简单的图形，排除复杂元素的干扰，从而轻松地发现问题。

眯上眼睛，从眼缝中看如下 PPT 页面，页面中左轻右重的问题是否会更明显？

我们可以将 PPT 中的元素视为矩形，通过观察矩形来发现问题。

还可以通过重新排列矩形找到优化的方向，从而调整页面元素的版式。

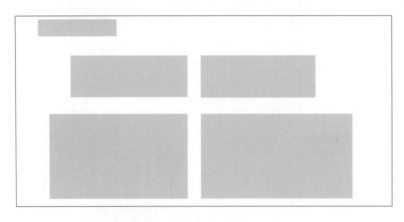

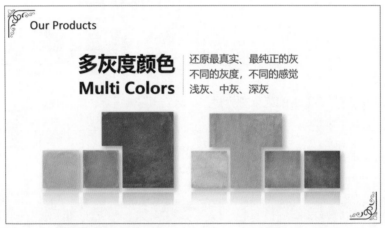

通过这样的方式可以逐步提高我们发现问题的能力和审美。与此同时，我们还需要了解排版三原则，才能对 PPT 进行更灵活的排版设计。

5.1 对比原则——四种方法突出重点信息

PPT 中有大量的信息，为了使观众更容易地捕捉关键点，我们可以通过设置对比效果，将重点内容突出显示。

有 4 种常用的对比方法：大小对比、粗细 / 倾斜对比、颜色对比和反白对比。

我们可以根据情况为一个对象添加一种对比效果，也可以为一个对象同时添加多种对比效果。

5.1.1 大·小·对比

大小对比是最简单且效果明显的对比方式，这种方式的**关键在于两个字——大胆。**

在一个页面中，最小字号为 14 磅，重点内容的字号是 105 磅，两者相差近100 磅。

通过设置悬殊的字号，可以营造出强烈的对比效果，让重点内容更加突出。

因此，当页面空间较大的时候，可以大胆地将文字的字号差距设置得更大，让观众在视觉上能一眼分辨出重点信息，吸引观众的注意。

在下图的图文排版页面中，内容比例中规中距，并不出彩。

我们可以通过设置大小对比，将其中一部分内容局部放大，牺牲部分非重要内容，如手机底部。

将页面调整后，可以形成明显的对比，营造出强烈的视觉冲击效果。

5.1.2 粗细 / 倾斜对比

在文字设置中，除可以设置文字的字号外，还可以设置文字的粗细。
越粗的文字，视觉吸引力越强；越细的文字，视觉吸引力越弱。
通过文字的粗细对比，可以突出重点内容。

　　除直接使用加粗设置对文字进行加粗外，我们也可以选择一些自带笔画粗细变
化的字体。例如，标题字体可从使用方正兰亭中粗黑、方正兰亭特黑等，正文字体
可以使用方正兰亭黑等。字体本身自带的粗笔画与在设置中直接加粗相比，效果更
加自然。

方正兰亭特黑

方正兰亭中粗黑

方正兰亭黑

方正兰亭超细黑

倾斜字体比常规字体更有动感，在特殊的标题设计中经常会用到倾斜效果，但在对中文设置倾斜效果时容易造成倾斜过度，效果不够自然。

中文笔画较复杂，一般不建议对中文直接使用倾斜设置，而英文和数字因笔画较少，使用倾斜设置效果更自然。

与自带粗笔画的字体类似，自带倾斜效果的字体也比设置的倾斜效果更加自然，如自带加粗与倾斜效果的 Helvetica-BoldOblique 字体。

在对中文进行倾斜设置时，有一种特殊方法能对倾斜度进行任意调整。

默认倾斜效果

设置倾斜效果

选中文本框，选择"形状格式"选项卡，单击"文本效果"下拉按钮，在打开的下拉列表中选择"转换"命令，在该命令子菜单中选择"弯曲"中的"正方形"效果，然后调节文本框端点即可改变文字的倾斜度。

5.1.3 颜色对比

"鲜花的美需要绿叶的衬托。"这句话描述的就是颜色对比。

重点内容好比鲜花（主色调），常规内容则是绿叶（黑、白、灰辅助色）。

在确定配色方案后，非重点内容（如正文）可以使用黑、白、灰色，而标题和关键词可以使用主色调。

一个页面中会存在大量的"绿叶"，以衬托出少量的"鲜花"，从而形成对比，突出重点。

在设置颜色对比时，既可以增强主要内容的视觉色彩，也可以弱化次要内容的识别度，或者两者同时使用。

 **5.1.4 反白对比**

为了突显文字内容，我们可以将色块作为文字的背景，将文字颜色设置成与色块颜色反差较大的白色，这就是反白对比。

在颜色纯净的背景中，填充主题色的色块能吸引观众的注意，在色块之上反白的文字同样也能引起观众的注意。

在复杂的背景中,如全图型背景,文字使用色块的反白对比也能避免背景的干扰,突出内容信息。

5.2 层次原则——三个细节做好层次表达

一本书的章数和小节数,以及小节中具体的知识点,就是内容的层次。

PPT 在视觉呈现上同样需要这样的层次设置来作为视觉引导，让观众一目了然。

如果用两个字概括排版原则，对比原则的关键是"大胆"，**层次原则的关键则是"规整"**。

"规整"就是依照一定的规范进行整齐排列，使内容清晰，层次分明。

层次间的差别通常会利用对比效果进行区分，但不同层次间和同级内容间，我们还需要注意对齐、距离与关联三个细节。

对齐：所有层级排列整齐。
距离：不同层级层次分明。
关联：同一层级结合紧密。

 **5.2.1 对齐规范**

在 PPT 中存在着很多不可见的线——对齐线。

在排版时尽可能让更多相邻元素沿着一条线进行排列，哪怕视觉上看不见线，页面的版式也会变得整齐有序。

例如标题、正文、图片的左侧，均是左对齐；不同正文间，顶部和底部也同样对齐。

手动对齐的效率非常低，而且不准确，我们可以借助排列和对齐工具进行辅助对齐。

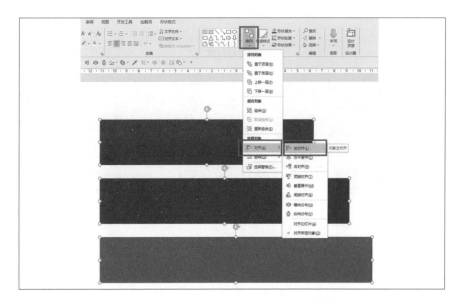

只要选中多个内容，再单击对应的对齐或分布选项，即可自动对齐。

当需要对齐的多个元素中包含文本框时，因为文本框中的文字到边框也存在一定的距离，所以直接使用工具可能存在误差，这时可以借助辅助线工具进行手动对齐。

辅助线工具包括标尺、网格线和参考线。

我们可以通过设置网格线参数，调整网格的疏密。

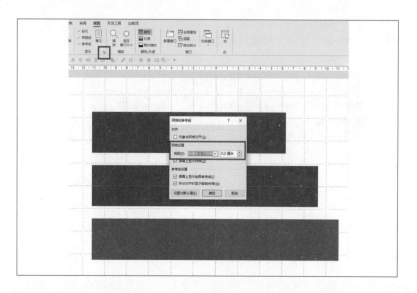

在使用参考线时，可以按住 Ctrl 键的同时拖曳鼠标移动参考线，即可复制参考线至其他位置。

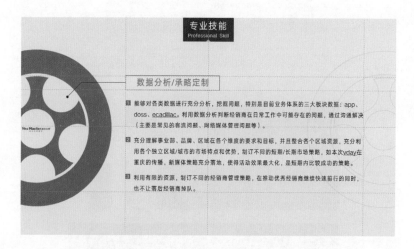

 **5.2.2 距离规范**

为了让 PPT 中不同层级的内容疏密得当，可以对距离进行设置，从而达到视觉上对内容的划分。

对距离进行设置的原则是高层级间的距离＞低层级间的距离。

不同层级间的距离依次为页面 > 内容区 > 多层级 > 段落 > 行列。

下面示意图中不同层级间的距离为 1>2>3>4>5>6。

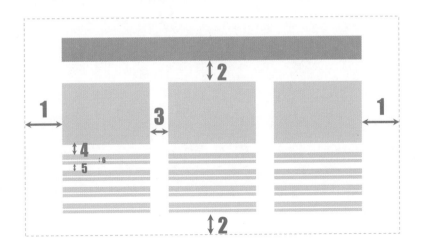

1. 页面和内容区的距离

观众在浏览 PPT 时，会将注意力放在页面中间的位置，页面内容区周边应留有一定距离，这个距离约占页面宽度或高度的 10% 比较合适，页面内容区左边和右边的距离应保持一致。

-- ▶ 参考示意图中的距离 1

2. 内容区和多层级的距离

内容区分为标题和正文两部分，两部分间的距离约等于页面下方的距离。

--- ▶ 参考示意图中的距离 2

正文部分可以被继续划分为不同的层级组合，如相关的图文作为一个层级组合。这些层级组合间的距离应小于标题与内容间的距离。

3. 多层级、段落和行列的距离

细分到具体的段落和行列，中间的距离依次减少，从而让不同层次的内容疏密得当，整体内容层次分明。

在第 3 章讲解大段文案时，我们设置了不同的层级距离：行距＜段距＜层距，也是同样的原理。

-------------------------------- ▶ 参考示意图中的距离 3、距离 4、距离 5、距离 6

 5.2.3 关联规范

 在下面的页面中，第一点指代的是左边的内容还是右边的内容？

当相关元素距离较大或与其他层级的元素距离不大时，容易造成误解，在上图中无法判断对应的内容是哪部分的。

为了增加相关内容的关联性，我们可以使用三种方式来实现内容关联。

1. 类聚法

"物以类聚，人以群分。"一个页面中相关的内容排版亦是如此。

在对内容进行设计时，相关的元素应保持较近的距离，以确保能一眼看出两者的关联关系。

而与内容无关或关系不密切的元素，应保持较远的距离。

类聚法的特点是以距离作为关联度的区分，需要我们对内容进行理解并划分层级，在进行设计时要刻意控制相关内容与不相关内容的距离。

2. 连接法

"千里姻缘一线牵"，其中的线，便是连接相关内容的关键所在。

线条的作用有三种：连接、引导、修饰。

在线条的设置上，除使用常规的实线外，我们还可以使用虚线，在视觉上会有不一样的效果。

通常线条并不是最主要的视觉内容，在颜色选择上，可以使用黑、白、灰辅助色来衬托主要内容，也不必设置太粗的磅数。

在使用线条时，可以设置特定角度的线条，如 0°、45°、90° 的线条，会显得更有序。

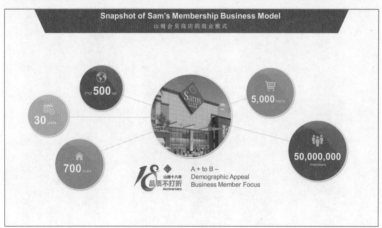

3. 结合法

"有情人终成眷属",如果内容之间的相关度足够高,那么我们可以当一回"媒人",将它们撮合在一起。

对内容进行结合设计,从视觉上看就是一个整体,关联度自然是最高的。

结合法设计自由度较高,可以随意使用色块、线条等元素进行修饰和辅助,从而让内容形成一个整体。

5.3 统一原则——两大方面提升整体统一

一个完整的 PPT 一般有封面、封底、目录页、过渡页和正文页，相关联的页面中重复的区域和元素应保持一致。

例如标题栏的设置、正文区内容的字号和颜色，甚至重复出现的一些元素等，都可以使用同样的参数设置。

通过一致的细节设置，能极大地保持 PPT 的整体性，即使跨页面也能保持整体风格统一、视觉连贯。

 ## 5.3.1 跨页格式统一性

不同章节过渡页的效果应保持一致。

若使用目录式的过渡页，则相同层级内容的字号、颜色、风格、效果均应保持一致。

若使用只突出当前章节的过渡页，则相同元素也应该保持一致。同层级的不同内容在版式上可以有所变化，但整体视觉效果尽量不做过多调整。

在正文页中，标题栏的设置和正文区的设置可以在最开始时确定格式，使用的字体、字号、颜色、效果都做统一的规范，在页面中的具体位置也应保持统一，避免在换页时同一个位置发生细微的抖动。

标题区
字号：24
字体：微软雅黑

内容区
字号：20、18、16
字体：微软雅黑

5.3.2　标志元素一致性

我们可以通过让标志性的元素重复出现的方式，提高 PPT 的统一性。

标志性元素，通常可以从企业的 VI 体系或 Logo 中获取，也可以根据使用场合或风格挑选合适的图形。

有一定规模的企业通常会有成熟的 VI 体系，VI 体系包括 Logo、标准色彩、标志性图形、吉祥物、字体规范等元素。

Logo

标准色：CMYK
C:70 M:15 Y:0 K:0
C:100 M:95 Y:5 K:0
C:100 M:100 Y:100 K:100

标准色：RGB
R:46 G:167 B:224
R:23 G:42 B:136
R:0 G:0 B:0

标准色彩

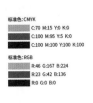
标志性图形

吉祥物

海洋保护协会

海洋保护协会

字体规范

如果只有Logo，那么也可以根据Logo延伸出不同的图形，应用在不同的页面。

例如，Logo 既可以作为页面内容，也可以作为装饰，如当作标题栏的项目符号，还可以作为背景元素，露出全部或局部。

　　VI 体系中或 Logo 中延伸出的图形元素，也可以应用在不同的地方，特别是矩形、圆形、三角形等常规图形，能延伸应用的地方很多。

第6章
动画三步骤

开篇问题

Q、 为什么领导/客户不喜欢动画?

震惊!!!
先看视频后看书
掌握 PPT 如此简单

PPT 学前班

导读

在第 1 章讲到的需求分析中，我们要事先确认 PPT 中是否需要添加动画，因为部分决策者不喜欢看动画，这里的不喜欢其实包含两种情况，一种是决策者真的不喜欢看动画，另一种是设计者添加的动画并不合适。

当我们给柱形图添加擦除动画时，应该朝哪个方向擦除呢？

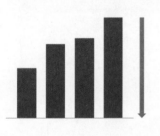
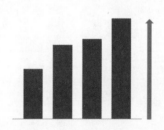

A. 从上往下

B. 从下往上

因为柱形图代表从低到高的增长趋势，所以柱形应该从下往上出现。在擦除柱形图时应使用从上往下的动画，顺应内容逻辑。

在添加动画的时候，如果没有考虑与内容相结合，则添加的动画很可能只是画蛇添足。

动画作为 PPT 中的一个重要功能，和文字、形状、图片、图表、颜色、排版一样，都是为了辅助信息的表达和增强演示效果。

反过来看，如果我们添加的动画不能辅助信息表达和增强演示效果，那么这样的动画就是多余且不合适的。

在 PPT 中使用得当的动画有两种：炫酷动画和逻辑动画。

炫酷动画适用于片头、封面、重点页等需要吸引观众注意力、产生视觉震撼的地方。

逻辑动画适用于常规内页，用于表达内容逻辑，如演讲顺序、时间顺序、逻辑关系、产品效果演示。

一般我们使用更多的是后者，它也是本章将要重点讲解的内容。

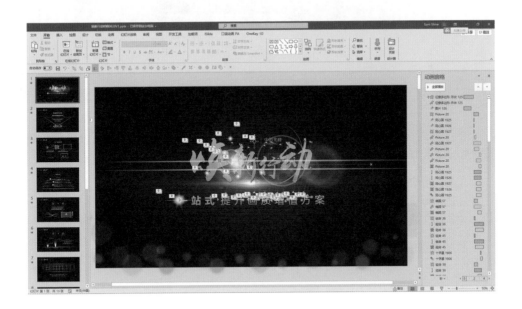

在设计动画的时候，需要考虑实际内容的逻辑，只有从内容出发设计动画，才能满足演示者的内心需求。

6.1 三步骤简介 —— 动画设计三步骤

动画是时间和空间的艺术——在不同时间点之间，对象在空间中发生变化就形成了动画。

以"飞入"动画为例，最初字母 A 在页面的左侧，经过 1 秒，字母 A "飞"到了页面中，这就是动画的变化过程。

不管是何种动画，都可以按照动画三步骤进行设置，这也是我们进行复杂动画设计和创意动画设计的基本步骤。

（1）加动画：选择动画类型——进入、退出、强调、动作路径。
（2）调节奏：改变动画时间——开始时间、延迟时间、持续时间。
（3）改效果：改变动画效果——大小、方向、角度、颜色、透明度等。

添加动画的步骤： 选中对象，单击"动画"选项卡，添加动画即可。

 加动画

如果需要添加两个以上的动画，则单击"添加动画"按钮进行添加。

PPT 自带的动画类型分为四种。

- 进入：从无到有，在画面中从不可见到可见。
- 退出：从有到无，在画面中从可见到不可见。
- 强调：大小、透明度等属性发生变化，在画面中一直可见。
- 动作路径：位置属性发生变化，在画面中一直可见。

进入　　强调　　退出　动作路径

 调节奏

通过调整动画的时间，可以营造出不同的动画感觉。

动画的节奏可以通过调节动画的三个时间进行调整，分别是动画的开始时间、延迟时间和持续时间。

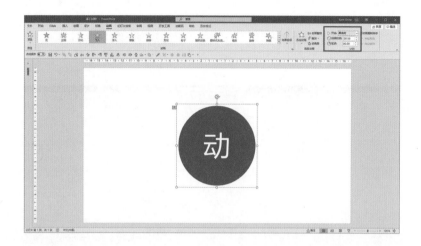

动画的持续时间越短，感觉越简练；动画的持续时间越长，感觉越舒缓。

在对多个对象设置动画的时候，调节开始时间和延迟时间能在不同的动画间产生视觉上的交错变化，营造出动画的场景感。

例如，页面背景中众多星光闪烁的动画，就是利用动画时间的交错变化实现的。

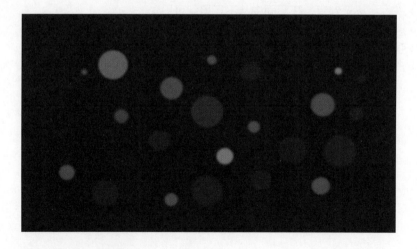

  星光闪烁动画

6.1.3 改效果

在进行动画效果设置时，可以在"动画"选项卡中选择不同的效果选项，进行基础效果变化设置，或者在"动画"选项卡中，单击"动画"窗格，在对应的动画上右击，在弹出的快捷菜单中选择效果选项，就可以设置更多的动画效果。

不同类型的动画有不同的效果设置，如进入动画的飞入效果，可以设置飞入的方向。

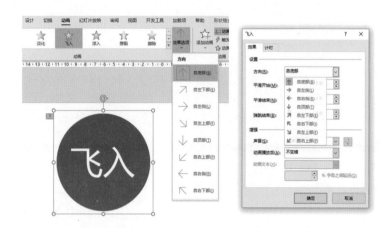

设置强调动画中的放大动画和缩小动画时，可以设置缩放倍数等。

还可以在动画的设置对话框中，设置动画的重复次数或反向播放效果。

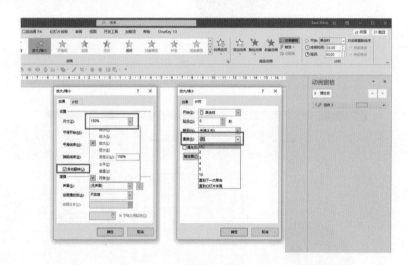

6.2 单对象动画——单一动画的两大要素

当只对一个对象添加动画时，因为不涉及和其他动画的时间交错，所以可以重点考虑加动画和改效果两个步骤，让动画更加与众不同。

6.2.1　常见的动画类型

在 PPT 中，有非常多的动画数量可供选择，但并非所有的动画都可以随意使用，如果动画效果过于浮夸，则容易喧宾夺主，并不适合常规使用。

对于职场 PPT 而言，常用的动画应简约大方，符合商务风格，只需要轻微的动画效果，就能辅助内容的表达。

这类动画被称为微动画，有三种类型：微透明、微位移、微缩放。

其中，在进入动画和退出动画中，存在效果相同的动画，只是进入和退出的区别，在动画效果上可以归为一种。

微透明： 淡入 / 淡出、出现 / 消失、擦除 / 擦除 。
微位移： 浮入 / 浮出、飞入 / 飞出、切入 / 切出、路径。
微缩放： 缩放 / 缩放、基本缩放 / 基本缩放、压缩 / 伸展。

微透明	微位移	微缩放
淡入/淡出	浮入/浮出	缩放/缩放
出现/消失	飞入/飞出	基本缩放/基本缩放
擦除/擦除	切入/切出	压缩/伸展
	路径	

　常见微动画

使用这些微动画，可以更好地辅助 PPT 的内容表达，动画效果恰到好处。

6.2.2 调整动画效果

添加动画后，可以对动画效果进行调整。

常见的动画效果设置有九种：大小、方向、角度、中心、平滑、弹跳、逐字、反向、重复。

1. 大小、方向、角度、中心

这四种动画效果可以直接在对应的效果选项中进行设置，如设置缩放动画的大小和中心点、飞入动画的方向、陀螺旋动画的角度等。

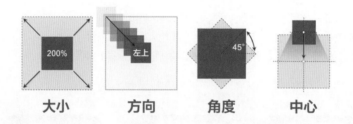

2. 平滑和弹跳

对于平滑和弹跳效果，调整的是动画的速度，通常在位移类动画和小部分动画中可以设置，如飞入动画、路径动画、放大动画和缩小动画。

平滑指的是速度从慢到快（平滑开始）或从快到慢（平滑结束）的状态，如在模拟汽车刹车效果时，就可以使用平滑效果结束。

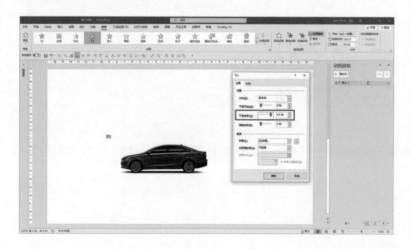

弹跳指的是对象运动结束后还有轻微回弹的现象，如小球掉到地上后会小幅度弹跳几次。

这种符合运动规律的动画效果设置，能让动画效果更加灵动、细致。

我们对比一下默认的飞入动画和设置了平滑与弹跳效果的飞入动画，看看它们在视觉上有什么区别。

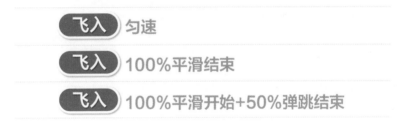

 平滑和弹跳动画

弹跳式飞入动画

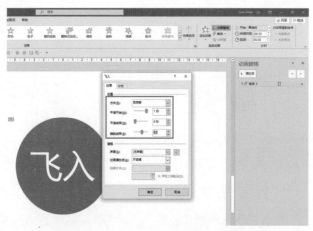

（1）加动画：选中对象，添加进入时的飞入动画。

（2）调节奏：将动画持续时间设置为 1 秒。

（3）改效果：打开"飞入"对话框，设置"平滑开始"时间为 1 秒、"平滑结束"时间为 0 秒、"弹跳结束"时间为 0.3 秒。

3. 逐字

逐字效果是类似打字机打字的动画效果，是文本框对象特有的，可以让文字逐个进行动画变化。

对文本框添加的任意动画均可设置逐字效果，如挥鞭、压缩、浮入、旋转等。

挥鞭：人生得意须尽欢

压缩：莫使金樽空对月

浮入：天生我材必有用

旋转：千金散尽还复来

逐字动画

逐字式压缩进入动画

（1）加动画：选中文本框，添加进入动画时的压缩动画。

（2）调节奏：将动画持续时间设置为1秒。

（3）改效果：打开"压缩"对话框，在"设置文本动画"下拉列表框中选择"按字母顺序"选项，在下面的文本框中设置10%字母之间延迟。

除上面提到的几种动画外，读者可以举一反三使用其他动画做出不一样的逐字效果吗？

4. 反向和重复

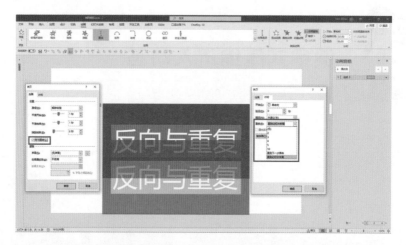

反向：动画播放完毕后倒放一遍，是强调动画和路径动画的特有选项。
在动画效果设置对话框中勾选"自动翻转"单选按钮。

重复：动画循环播放，可设置固定次数或循环到当前幻灯片结束。
在动画效果设置对话框中选择"计时"，在弹出的对话框中设置重复
次数。

地图定位循环动画

（1）加动画：选中对象，添加路径动画中的直线动画，单击并拖动直线终点以缩短路径。

（2）调节奏：将动画持续时间设置为 0.75 秒。

（3）改效果：将"平滑开始"时间和"平滑结束"时间分别设置为 0.37 秒和 0.38 秒，选中"自动翻转"复选框，在"计时"选项卡中单击"重复"－"重复至幻灯片末尾"。

6.3　多对象动画——动画的时间多样性

每个对象的动画都可以设置动画类型和效果，当有多个对象需要进行动画设置时，在单个对象动画的基础上，调整不同动画的时间，就能得到让人眼前一亮的动画效果。

在给多个对象添加同一种动画时，如何调节动画节奏才能让整体视觉效果更出彩呢？

多对象动画在时间上的变化可以分为三种形式，分别是同步出现的同时动画、交错出现的延时动画和关联出现的衔接动画。

6.3.1　同时动画

同时动画的特点是动画的节奏紧凑、简约细致。

设置要点： 对多个对象设置相同的动画类型，并且设置相同的开始时间和持续时间，可以改变动画的效果，丰富动画层次。

图片展示同时飞入动画

（1）加动画：选中两张图片，添加"进入"动画中的"飞入动画"。

（2）调节奏：将两张图片的动画开始时间设置为"上一动画同时"，将动画持续时间设置为 1 秒。

（3）改效果：在"飞入"对话框中，设置"平滑结束"时间为 1 秒，将左图的飞入方向设置为"自右侧"，将右图的飞入方向设置为"自左侧"。

 同时飞入动画

6.3.2 延时动画

延时动画的特点是动画播放流畅自然，层次丰富。

设置要点： 对多个对象设置相同的动画类型和效果，按照相同的差值设置动画开始的延迟时间，如 0、0.2、0.4、0.6、0.8……

图片曲线展示延时动画

（1）加动画：按住 shift 键，从左往右依次选中图片，添加进入动画，在"更多进入效果"中选择"曲线向上动画"。

（2）调节奏：将所有动画的开始时间设置为"上一动画同时"，延迟时间以 0.2 为差值，依次设置为 0、0.2、0.4、0.6。

（3）改效果：使用默认效果，无须调整。

延时动画

 ### 6.3.3　衔接动画

衔接动画的特点是动画连贯性强，逻辑关联度高，特别适合前后有逻辑关系的内容。

设置要点：为前一个对象设置退出动画，在同一个位置，为后一个对象设置进入动画，将动画开始时间设置为"上一动画之后"，通常与前一个对象设置相同的动画效果。

版本升级衔接动画

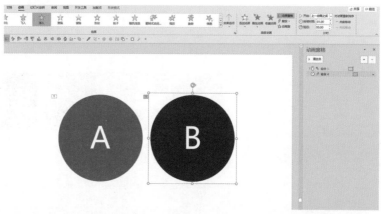

（1）加动画：选中前一个对象，添加"退出"动画中的"浮出"动画，再选择后一个对象，添加"进入"动画中的"浮入"动画，将两个对象居中重合。

（2）调节奏：将后一个对象的"浮入"动画的开始时间设置为"上一动画之后"，其他设置默认不变。

（3）改效果：在动画效果选项中，将两个动画的效果设置为"上浮"。

衔接动画

6.4 切换动画——页面转场的妙用

除可以为对象添加动画外，在 PPT 中还可以为整个页面添加切换动画。

在 Office 2016 以上的 PPT 版本中，新增了很多炫酷的切换动画，其中 Office 365 与 Office 2019 中的平滑切换是一大亮点，能用一键实现很多页面自然切换的动画效果。

页面的切换动画和对象动画一样，需要注意使用的场合是否合适。

常规内页间用轻微的切换动画效果即可，动画切换效果自然过渡，不会过于突兀。

而对于不同章节间、内容明显分隔的页面间或重点页的切换，在希望引起观众注意时，可以使用华丽的切换效果。

 6.4.1　实用切换型

在对职场 PPT 添加单对象动画时，可以使用低调实用的微动画，如微透明、微位移、微缩放。

与此类似，常规的内页切换动画也推荐使用微切换效果。

微透明：淡入、分割、擦除、显示。
微位移：推进、平移、揭开、覆盖、传送带。
微缩放：缩放、窗口、飞过。

 6.4.2　平滑切换的应用

在 Office 365 与 Office 2019 以上版本中，有一种特殊的切换动画——平滑切换。

当同一个对象在两页之间发生变化时，使用平滑切换可以自动将变化过程呈现出来，如大小变化、位置变化、颜色变化等。

平滑切换

（1）在 PPT 中插入任意图片和文字，将该页进行复制。

（2）任意调整两页间图片和文字的大小、角度、位置等。

（3）选中第二页，单击"切换"选项卡中的"平滑"效果，将自动生成图片变换效果。

附录 A 效率方法——PPT 插件

通常，精雕细琢才能呈现出最好的效果，但对于职场 PPT 而言，任务的完成时间通常非常有限。

假如完成一个 PPT 任务的时限是 3 天，那么合理的时间安排如下：
需求分析（1 小时）— 文案分析（0.5 天）— 寻找素材（0.5 天）— PPT 设计（2 天）

但实际上，情况可能是这样的：
啥也没做（2.5 天）— 做 PPT（0.5 天）

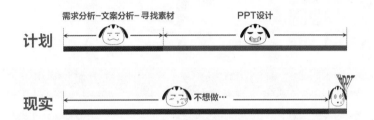

因此，如何在有限的时间内做出最好的效果，成为 PPT 设计者需要解决的难题。

只有提高 PPT 设计效率，在面对紧急 PPT 任务时，才能更加游刃有余。

提高 PPT 设计效率的方法有三种：
- 提高复杂效果设计效率——**PPT 插件**。
- 提高搜索相关素材效率——**素材网站**。
- 提高 PPT 按键操作效率——**常用快捷键**。

PPT 本身的操作按键较多，有些复杂效果需要多步操作才能完成，有时借助第三方插件不仅能简化 PPT 的烦琐操作，一键做出复杂的效果，而且能轻松做出 PPT 难以实现的特效。

iSlide：效率神器

iSlide 是一款基于 PowerPoint 的插件工具，包含 38 个设计辅助功能、8 大在线资源库、超 20 万个专业 PPT 模板 / 素材，用户能轻松地任意编辑。

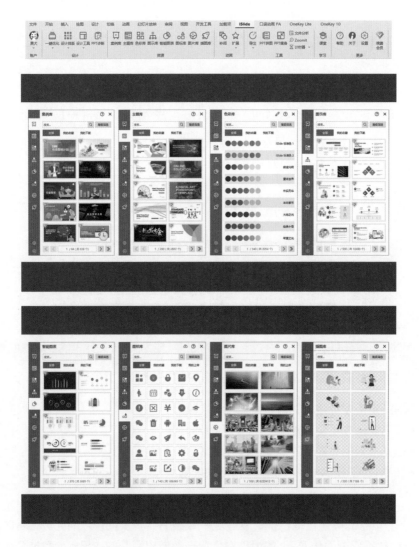

OneKey：操作神器

针对普通用户开发的 OK Lite(OneKeyTools Lite）插件，是由"只为设计"个人独立开发的免费开源的 PowerPoint 和 WPS 演示第三方插件，诞生于 2015 年 1 月，作为一款完全免费、综合性的设计插件，一键就能实现很多在 PPT 中需要复杂操作才能做出来的效果。此外，针对专业 PPT 设计师，还提供功能更全面的 OK 10 版本。

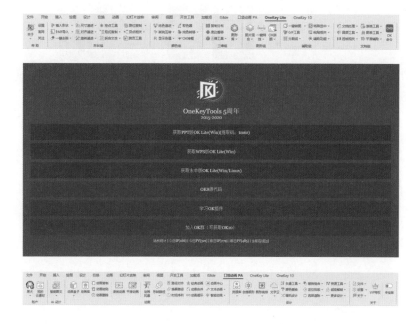

口袋动画 PA：动画神器

口袋动画（Pocket Animation，PA）是专业 PPT 动画编辑工具，包含适合 PPT 初学者的盒子版和适合 PPT 爱好者的专业版，提供现成的 PPT 动画素材，并可一键替换素材文字、图片、颜色等元素，更可跨越 PPT 本身的动画限制，做出更具变化的自由动画。

附录 B 效率方法——素材网站

对于初学者而言，在设计 PPT 时大概有三分之一的时间会用在搜索素材上，而且获取的素材质量难以保证。

如果日常能建立自己的优质素材网站库和个人素材库，合理搜索和使用素材，就能大大提高 PPT 设计效率，并得到更专业的视觉呈现效果。

模板素材网站

OfficePLUS：微软官方免费的 Office 素材网站，包括 PPT 素材、Word 素材、Excel 素材。

优品 PPT：拥有大量的 PPT 模板、背景、图表等，是优质、免费的素材网站。

叮当设计：包含 PPT 模板、教程、PSD、矢量图等，是免费的素材网站。

pptfans：是提供优质模板和教程的素材网站。

图片素材网站

pixabay：是拥有超 1800 万张优质、免费、无版权图片素材的网站。

Pexels：是免费、优质、无版权的高清摄影图网站。

泼辣有图：是国内高质量的免费、无版权摄影图网站。

logosc：是关联多个免费、无版权图片网站的搜索引擎。

pngimg：是拥有近 10 万张无背景 PNG 图的素材网站。

图标素材网站

Iconfont：是阿里巴巴旗下包含近 100 万个图标的素材库。

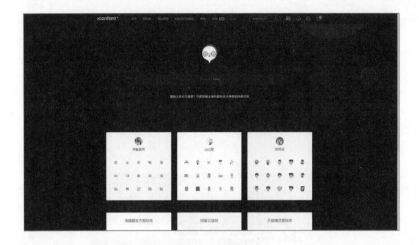

Flaticon：是具有清晰分类的高质量图标库。

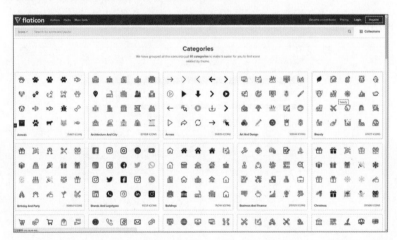

IcoMoon：是提供大量图标素材且可自由建立个人常用图标库的素材网站。

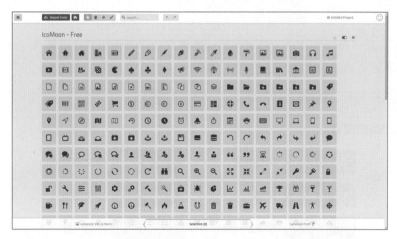

easyicon：是支持中文搜索、包含近 65 万个图标的素材网站。

附录C 效率方法——常用快捷键

PPT 属于操作类软件，借助快捷键能够减少烦琐和重复性的操作，从而提高操作效率。

常用的 PPT 快捷键有如下类型。

设计类快捷键

Ctrl + 拉伸	中心缩放	Shift + 拉伸	等比缩放
Ctrl + 拖动	复制	Shift + 拖动	水平位移
F4	重复上一步	Ctrl + M / Enter	新建一页
Ctrl + Shift + C / V	格式刷	Ctrl + Alt + C	动画刷
Ctrl + A	全选	Ctrl + B	加粗
Ctrl + N	新建一个PPT	Ctrl + S	保存
Ctrl + C / V	复制 / 粘贴	Ctrl + X	剪切
Ctrl + G	组合	Ctrl + Shift + G	取消组合
Ctrl + E	居中对齐	Ctrl + L	左对齐
Ctrl + R	右对齐	Ctrl + U	下画线
Ctrl + Z	撤销	Ctrl + G	组合
Ctrl + [	字号变小	Ctrl +]	字号变大

演示类快捷键

F5	全屏播放	Shift + F5	当前页播放
B	黑屏	W	白屏
Ctrl + P	绘画笔 (激活)	E	绘画笔 (笔迹取消)
Home键	返回第一张PPT	End键	跳转到最后一张PPT